試験に出る！

重要標識・標示

試験によく出る標識・標示のうち、とくに間違いやすいものを取り上げましたので、チェックしましょう。

▼意味を間違いやすい標識

●追越し禁止

道路の右側部分にはみ出す、はみ出さないに関係なく、追い越しをしてはいけない。

●追越しのための右側部分はみ出し通行禁止

道路の右側に
い越しをして
右側にはみ出
しは、禁止さ

●駐車禁止

●駐停車禁止

車は駐停車してはいけない（8時から 20 時まで）。

●一方通行

一方通行の道路であることを表す（青地に白の矢印）。

●左折可

前方の信号が赤や黄でも、周囲の交通に注意して左折できることを表す（白地に青の矢印）。

（路線バス等）

路線バス等の専用通行帯であることを表す。原動機付自転車、小型特殊自動車、軽車両は通行できる。

●路線バス等優先通行帯

路線バス等の優先通行帯であることを表す。一般の車も原則として通行できる。

●原動機付自転車の右折方法（二段階）

交差点を右折する原動機付自転車は、二段階右折しなければならない。

●原動機付自転車の右折方法（小回り）

交差点を右折する原動機付自転車は、小回り右折しなければならない。

●警笛鳴らせ

この標識のある場所を通行するとき、警音器を鳴らさなければならない。

●警笛区間

この標識のある区間内の見通しのきかない交差点、曲がり角、上り坂の頂上を通過するとき、警音器を鳴らさなければならない。

●横断歩道

児童などの横断が多い横断歩道であることを表す。

●学校、幼稚園、保育所などあり

この先に学校、幼稚園、保育所などがあることを表す。

●車線数減少

この先で車線数が減少することを表す。

●幅員減少

この先の道路の幅が狭くなることを表す。

▼追い越し禁止場所 P.36

数字に関する禁止場所は、すべて手前から30メートル以内！

1	「追越し禁止」の標識（右図）がある場所	追越し禁止の標識 
2	道路の曲がり角付近	
3	上り坂の頂上付近	
4	こう配の急な下り坂	
5	車両通行帯のないトンネル	
6	交差点と、その手前から30メートル以内の場所 ❗優先道路を通行している場合は、禁止されていない。	
7	踏切と、その手前から30メートル以内の場所	
8	横断歩道や自転車横断帯と、その手前から30メートル以内の場所 ❗追い抜きも禁止されている。	

▼信号の意味 P.17

青色の灯火、青色の矢印では、二段階右折の原付に注意！

青色の灯火	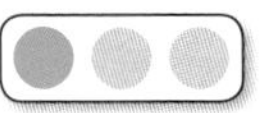	直進・左折・右折できる。 ❗二段階右折の原動機付自転車と軽車両は右折できない。
黄色の灯火	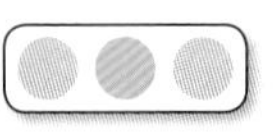	停止位置から先に進めない。 ❗停止位置で安全に停止できない場合はそのまま進める。
赤色の灯火	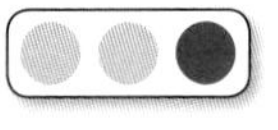	停止位置を越えて進めない。
青色の矢印	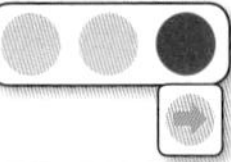	矢印の方向に進める。右矢印では転回できる。 ❗右矢印の場合、二段階右折の原動機付自転車と軽車両は右折・転回できない。
黄色の矢印	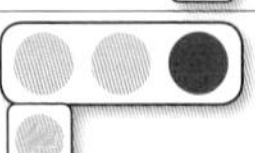	路面電車だけ矢印の方向に進める。
黄色の点滅	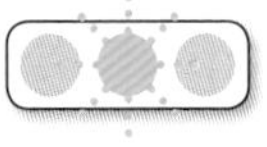	他の交通に注意して進める。
赤色の点滅	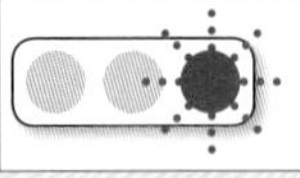	停止位置で一時停止して安全を確認してから進める。

▼乗車・積載制限 P.10

高さは荷台からではなく、地上から2メートルまで！

定員	重さ	長さ	幅	高さ
1名	30キログラム以下（リヤカーけん引時は120キログラム以下）	荷台の長さ＋後方に0.3メートル以下	荷台の幅＋左右に0.15メートル以下	地上から2メートル以下

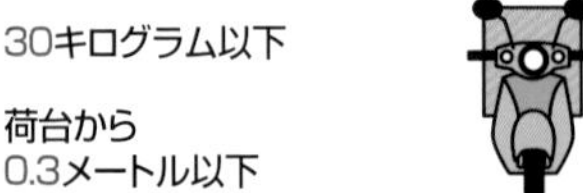

試験に出る！

暗記項目

原付免許の学科試験は、暗記していないと解けない問題が数多く出されます。事前にチェックして試験に臨みましょう。

▼駐車禁止場所 ➡P.45

6か所のうち、消防関係が3か所！

1	「駐車禁止」の標識・標示（右図）がある場所
2	火災報知機から1メートル以内の場所
3	自動車用の出入口から3メートル以内の場所
4	道路工事の区域の端から5メートル以内の場所
5	消防用機械器具の置場、消防用防火水槽、これらの道路に接する出入口から5メートル以内の場所
6	消火栓、指定消防水利の標識が設けられている位置や、消防用防火水槽の取入口から5メートル以内の場所

駐車禁止の標識

駐車禁止の標示

▼駐停車禁止場所 ➡P.45

こう配の急な坂は、上り坂も駐停車禁止！

1	「駐停車禁止」の標識・標示（右図）がある場所
2	軌道敷内
3	坂の頂上や、こう配の急な坂
4	トンネル
5	交差点と、その端から5メートル以内の場所
6	道路の曲がり角から5メートル以内の場所
7	横断歩道や自転車横断帯と、その端から前後5メートル以内の場所
8	踏切と、その端から前後10メートル以内の場所
9	安全地帯の左側と、その前後10メートル以内の場所
10	バス、路面電車の停留所の標示板（柱）から10メートル以内の場所 ❗運行時間中に限る。

駐停車禁止の標識

駐停車禁止の標示

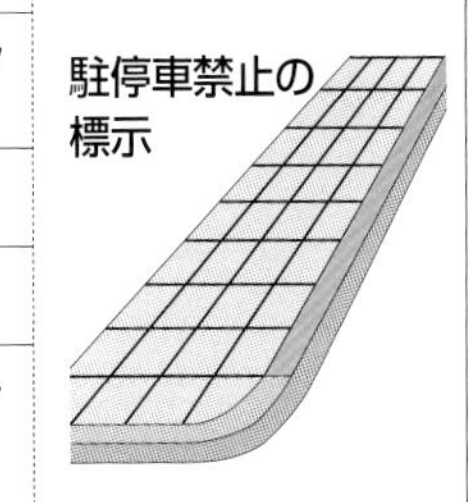

▼徐行場所 ➡P.22

徐行の目安となる速度は、時速10キロメートル以下！

1	「徐行」の標識（右図）がある場所
2	左右の見通しがきかない交差点 ❗信号機がある場合、優先道路を通行している場合を除く。
3	道路の曲がり角付近
4	上り坂の頂上付近
5	こう配の急な下り坂

徐行の標識

▼必ず覚えておく標識・標示

●通行止め

車、路面電車、歩行者のすべてが通行できない。

●二輪の自動車・原動機付自転車通行止め

大型自動二輪車、普通自動二輪車、原動機付自転車は通行できない。

●指定方向外進行禁止

車は、矢印の方向以外には進行できない。

●車両横断禁止

車は、道路の右側の施設などに入るために横断してはいけない。

●駐車余地

駐車余地6m

車は、補助標識で示された余地が右側部分の道路上にとれない場合、駐車してはいけない。

●最高速度

自動車や原動機付自転車は、標識で示された速度を超えて運転してはいけない。

●自動車専用

高速道路（高速自動車国道または自動車専用道路）であることを表す。

●歩行者専用

歩行者専用道路を表し、車は原則として通行できない。

●優先道路

優先道路であることを表す。前方に優先道路があることを示すものではない。

●下り急こう配あり

この先の道路がこう配の急な下り坂（こう配率 10% 以上）になっていることを表す。

●道路工事中

この先の道路が工事中であることを表す。通行禁止を意味するものではない。

●入口の方向

高速道路の入口の予告を表す。緑色の標示板は高速道路に関するもの。

●進路変更禁止

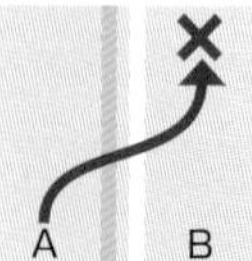

黄色の線が引かれたAの通行帯を通行する車は、Bの通行帯に進路変更してはいけない。

●停止禁止部分

標示内に停止してはいけない部分であることを表す。

●駐停車禁止路側帯

路側帯　車道

路側帯の中に入って駐停車してはいけない。歩行者と軽車両は通行できる。

●歩行者用路側帯

路側帯　車道

路側帯の中に入って駐停車してはいけない。歩行者だけが通行でき、軽車両は通行できない。

●終わり

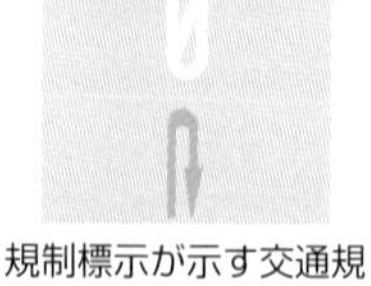

規制標示が示す交通規制の区間の終わりを表す。上記は、転回禁止区間の終わり。

●右側通行

車は、道路の中央から右側部分にはみ出して通行できる。

●安全地帯

安全地帯であることを表し、車は入ってはいけない。

●前方優先道路

この標示がある道路と前方で交差する道路が、優先道路であることを表す。

絶対合格！ 赤シート対応

原付免許

出題パターン攻略 問題集

長 信一 著

成美堂出版

本書の活用法

●出題ジャンル別攻略〈→P.8～P.58〉 出題パターンで本試験徹底攻略

STEP 1 ここを押さえる！ 出題パターン攻略

出題パターンを大きく3つに分け、例題とともに、対策として関連する「暗記項目」を示して解説した。例題中の〰はその問題のキーワード

出題ジャンルを大きく11に分類

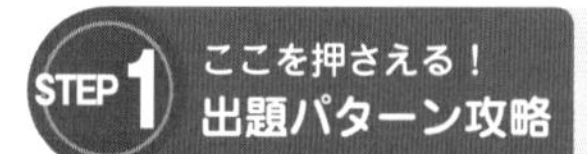

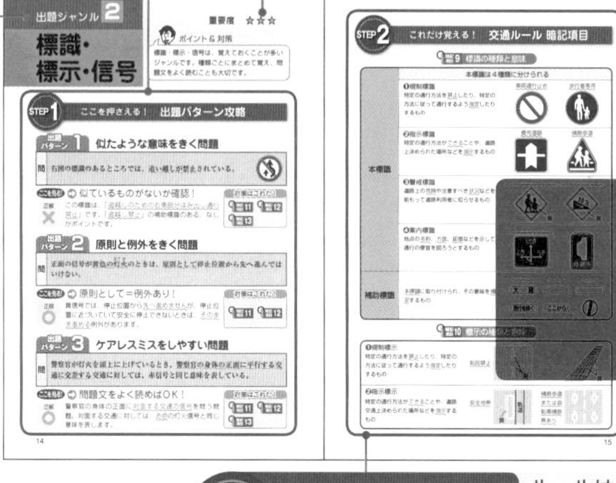

重要度を★の数で表示。このジャンルのポイント＆対策を簡潔にまとめて示した

ルール部分にも「赤シート」を利用。ひと通り勉強したら、「赤シート」を当てて確認しよう。

STEP 2 これだけ覚える！ 交通ルール暗記項目

ルールはイラストでわかりやすく解説。説明とあわせて効率よく覚えよう

STEP 3 これで万全！ 出題ジャンル別・練習問題

ジャンルごとに問題を厳選。問題の右側に正解・解説があるので、すぐに答え合わせできる

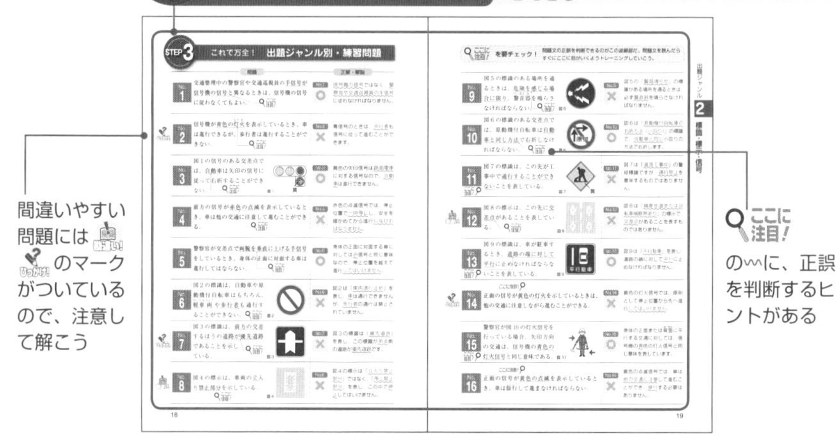

間違いやすい問題には のマークがついているので、注意して解こう

ここに注目！ の〰に、正誤を判断するヒントがある

※〈出題ジャンル 10〉は「STEP1 出題パターン攻略」「STEP2 出題ジャンル別·練習問題」、〈ジャンル外〉は「STEP1 数字のルール暗記項目」「STEP2 出題ジャンル別練習問題」の2段階で解説

●テスト〈→P.60～P.159〉　原付免許　本試験模擬テスト

本試験模擬テストを10回分収録。合格点が取れるまで繰り返しチャレンジ

制限時間の30分を守って解いていこう

間違えたら関連する「暗記項目」をチェック！

掲載ページを示す
P.21
暗記項目 15
暗記項目の番号を示す

間違えた問題は□に✔マークを入れておこう。2回目に解くときは✔マークの入った問題だけ解くと効率アップ！

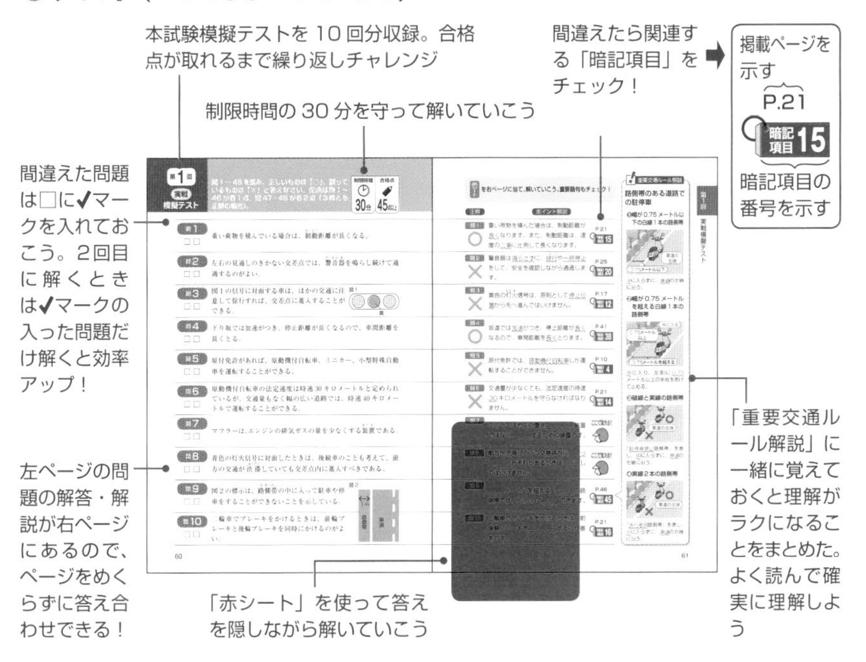

左ページの問題の解答・解説が右ページにあるので、ページをめくらずに答え合わせできる！

「赤シート」を使って答えを隠しながら解いていこう

「重要交通ルール解説」に一緒に覚えておくと理解がラクになることをまとめた。よく読んで確実に理解しよう

●巻頭折り込み（カラー表・裏）

直前暗記チェックシート
試験に出る！　重要標識・標示

試験によく出る標識・標示を紹介。しっかり覚えるようにしておこう

形の似ているものは、違いをきちんと理解しておくこと

直前暗記チェックシート
試験に出る！　暗記項目

試験によく出る暗記項目を確認。数字は正しく覚えておこう

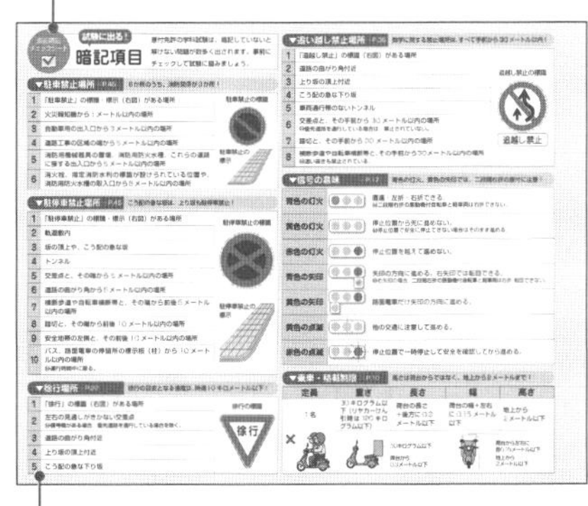

番号がついている場所は、その数だけしっかりと暗記しておくこと

CONTENTS

※本書の情報は、原則として 2022 年 5 月 13 日現在の法令等に基づいて編集しています。

受験ガイド

受験できない人

＊受験の詳細は、事前に各都道府県の試験場のホームページなどで確認してください。

1	年齢が 16 歳に達していない人
2	免許を拒否された日から起算して、指定期間を経過していない人
3	免許を保留されている人
4	免許を取り消された日から起算して、指定期間を経過していない人
5	免許の効力が停止、または仮停止されている人

※一定の病気（てんかんなど）に該当するかどうかを調べるため、症状に関する質問票（試験場にある）を提出してもらいます。

受験に必要なもの

1	住民票の写し（本籍記載のもの）、または小型特殊免許
2	運転免許申請書（用紙は試験場にある）
3	証明写真（縦 30 ミリメートル×横 24 ミリメートル、6か月以内に撮影したもの）
4	受験手数料、免許証交付料（金額は事前に確認のこと）

※はじめて免許証を取る人は、健康保険証やパスポートなどの身分を証明するものの提示が必要です。

適性試験の内容

1	視力検査	両眼 0.5 以上あれば合格。片方の目が見えない人でも、見えるほうの視力が 0.5 以上で視野が 150 度以上あれば合格。眼鏡、コンタクトレンズの使用も可。
2	色彩識別能力検査	信号機の色である「赤・黄・青」を見分けることができれば合格。
3	運動能力検査	手足、腰、指などの簡単な屈伸運動をして、車の運転に支障がなければ合格。義手や義足の使用も可。

※身体や聴覚に障害がある人は、あらかじめ運転適性相談を受けてください。

学科試験の内容と原付講習

1	合格基準	問題を読んで別紙のマークシートの「正誤」欄に記入する形式。文章問題が46問(1問1点)、イラスト問題が2問(1問2点。ただし、3つの設問すべてに正解した場合に得点）出題され、50 点満点中 45 点以上で合格。制限時間は 30 分。
2	原付講習	実際に原動機付自転車に乗り、操作方法や運転方法などの講習を3時間受ける。なお、学科試験合格者を対象に行う場合や、事前に自動車教習所などで講習を受け、「講習修了書」を持参するなど、形式は都道府県によって異なる。

PART 1

出題パターンで本試験徹底攻略

出題方法に合わせて効果的に対策！

STEP1 ここを押さえる！ 出題パターン攻略

まずは試験で出題されるパターンを知ろう！

STEP2 これだけ覚える！ 交通ルール暗記項目

各出題パターンに対する対策がまとめてあるので、赤シートでどんどん暗記していこう！

STEP3 これで万全！ 出題ジャンル別・練習問題

各出題ジャンルごとに練習問題を用意したので、苦手ジャンルの問題を集中的に解いていこう！

出題ジャンル 1

運転前の知識

重要度 ★☆☆

ポイント＆対策

このジャンルは、常識で解ける問題が多く出されます。１回読んで理解してしまいましょう。数字関連は確実に覚えます。

ここを押さえる！ 出題パターン攻略

出題パターン 1 常識的な内容をきく問題

問 原動機付自転車を運転しようとしたが、直前に少量の酒を飲んだので、運転を中止した。

ここを見る! ➡ “安全第一”で考えればＯＫ！

正解 ○

たとえ少量でも酒を飲んだら、絶対に車を運転してはいけません。また、これから運転する人に酒を勧める行為も禁止されています。

対策はこれだ！

暗記項目 7

暗記項目 8

出題パターン 2 数字が合っているかをきく問題

問 原動機付自転車に荷物を積むときは、荷台から左右にそれぞれ 0.3 メートルまではみ出すことができる。

ここを見る! ➡ 項目ごとに暗記した数字をチェック！

正解

荷物は、荷台から左右にそれぞれ 0.15 メートルまでしかはみ出して積むことができません。後方には、0.3 メートルまではみ出すことができます。

対策はこれだ！

出題パターン 3 正しい内容と逆のことをきく問題

問 原動機付自転車を運転するときは、手首を上げ、ハンドルを手前に引くような気持ちでグリップを強く握り、ひじを伸ばした姿勢（しせい）がよい。

ここを見る! ➡ 何回も問題を読んで判断する

正解

手首を下げ、ハンドルを前に押すような気持ちでグリップを軽く握り、ひじをわずかに曲げた状態が正しい姿勢です。

対策はこれだ！

これだけ覚える！ 交通ルール 暗記項目

暗記項目1 運転前の確認事項

1	運転免許証を携帯し、記載された条件を守る。
2	強制保険(自賠責保険または責任共済)の証明書を備えつける。
3	長時間運転するときは、2時間に1回は休憩をとる。
4	酒を飲んだときは運転してはいけない。
5	疲れている、心配事がある、眠気を催す薬を飲んだときは運転を控える。

暗記項目2 車の区分と自動車などの種類

- 車など(車両等)
  - 車(車両)
    - 自動車：大型・中型・準中型・普通・大型特殊・小型特殊自動車、大型・普通自動二輪車
    - 原動機付自転車：スクーター、オートバイ、スリータータイプなど
    - 軽車両（けいしゃりょう）：自転車、リヤカー、荷車、牛馬など
  - 路面電車

大型自動車	大型特殊・小型特殊自動車、大型・普通自動二輪車以外の、車両総重量11,000キログラム以上、最大積載量6,500キログラム以上、乗車定員30人以上の、いずれかの自動車
中型自動車	大型・大型特殊・小型特殊自動車、大型・普通自動二輪車以外の、車両総重量7,500キログラム以上11,000キログラム未満、最大積載量4,500キログラム以上6,500キログラム未満、乗車定員11人以上29人以下の、いずれかの自動車
準中型自動車	大型・中型・大型特殊・小型特殊自動車、大型・普通自動二輪車以外の、車両総重量3,500キログラム以上7,500キログラム未満、最大積載量2,000キログラム以上4,500キログラム未満、乗車定員10人以下の、いずれかの自動車
普通自動車	大型・中型・準中型・大型特殊・小型特殊自動車、大型・普通自動二輪車以外の、車両総重量3,500キログラム未満、最大積載量2,000キログラム未満、乗車定員10人以下の、すべてに該当する自動車（ミニカーは普通自動車）
大型特殊自動車	カタピラ式や装輪式など特殊な構造をもち、特殊な作業に使用する自動車で、最高速度や車体の大きさが小型特殊自動車に当てはまらない自動車
大型自動二輪車	エンジンの総排気量が400ccを超え、または定格出力が20.0キロワットを超える二輪の自動車（側車付きを含む）
普通自動二輪車	エンジンの総排気量が50ccを超え400cc以下、または定格出力が0.6キロワットを超え20.0キロワット以下の二輪の自動車（側車付きを含む）
小型特殊自動車	最高速度が時速15キロメートル以下で、長さ4.7メートル以下、幅1.7メートル以下、高さ2.0メートル以下（ヘッドガードなどがある場合は2.8メートル以下）の特殊な構造をもつ自動車
原動機付自転車	エンジンの総排気量が50cc以下、または定格出力が0.6キロワット以下の二輪のもの（スリーターを含む）

暗記項目3 運転免許の種類

第一種免許	自動車や原動機付自転車を運転するときに必要。
第二種免許	バスやタクシーの営業運転、代行運転のときに必要。
仮免許	第一種免許を受けるための練習などのときに必要。

暗記項目4 第一種免許の種類と運転できる車

免許の種類＼運転できる車	大型自動車	中型自動車	準中型自動車	普通自動車	大型特殊自動車	大型自動二輪車	普通自動二輪車	小型特殊自動車	原動機付自転車
大型免許	●	●	●	●				●	●
中型免許		●	●	●				●	●
準中型免許			●	●				●	●
普通免許				●				●	●
大型特殊免許					●			●	●
大型二輪免許						●	●	●	●
普通二輪免許							●	●	●
小型特殊免許								●	
原付免許									●
けん引免許	大型・中型・準中型・普通・大型特殊自動車で他の車をけん引するときに必要（総重量750キログラム以下の車をけん引するときや、故障車をロープなどでけん引するときを除く）								

暗記項目5 原動機付自転車の乗車定員・積載制限

乗車定員 …運転者1名（二人乗りは禁止）

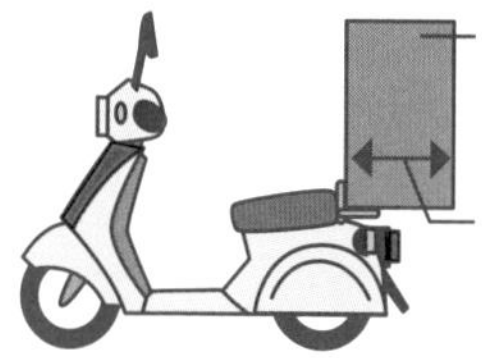

重さ
30キログラム以下（リヤカーけん引時は120キログラム以下）

長さ
積載装置の長さ＋0.3メートル以下

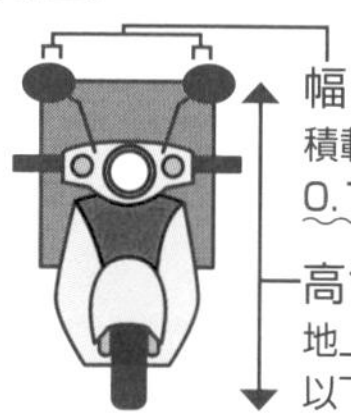

幅
積載装置の幅＋左右に0.15メートル以下

高さ
地上から2メートル以下

暗記項目6 視覚の特性・自然の力

視覚の特性	速度が上がるほど視力は低下し、とくに近くのものが見えにくくなる。
	トンネルの出入りなどで明るさが急に変わると、視力は一時急激に低下する。
自然の力	遠心力は、カーブの半径が小さくなる（急になる）ほど大きく作用する。
	遠心力・衝撃力・制動距離は、速度の二乗に比例して大きくなる。

暗記項目7 日常点検の内容

日常点検は、運転者が、走行距離や運行時の状況などから判断した適切な時期に運転者自身で行う点検。

ブレーキ	「あそび」や効きは十分か。
車輪	ガタつきやゆがみはないか。
タイヤ	空気圧は適正か、亀裂や損傷はないか。
チェーン	中央部を指で押して、張りすぎや緩(ゆる)みすぎではないか。
ハンドル	重くないか、ワイヤーが引っかかっていないか、ガタつきはないか。
灯火類	正常に働くか。
バックミラー	破損はないか、調整されているか。
マフラー	破損はないか、完全に取り付けられているか。

暗記項目8 乗車姿勢・服装

乗車姿勢	1	背すじを伸ばし、視線は先のほうへ向ける。 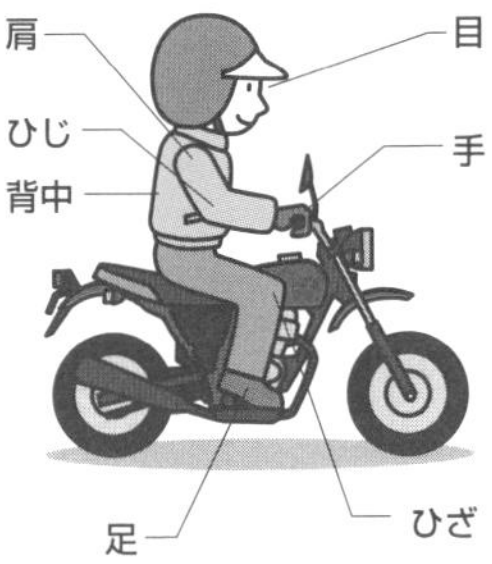
	2	肩の力を抜き、ひじをわずかに曲げる。
	3	手首を下げて、ハンドルを前に押すようにグリップを軽く持つ。
	4	ステップに土踏まずをのせ、足の裏が水平になるようにする。
	5	足先がまっすぐ前方に向くようにして、タンクを両ひざで締める。
服　装	1	ＰＳ(c)マークかＪＩＳマークのついた乗車用ヘルメットをかぶる。工事用安全帽はダメ。 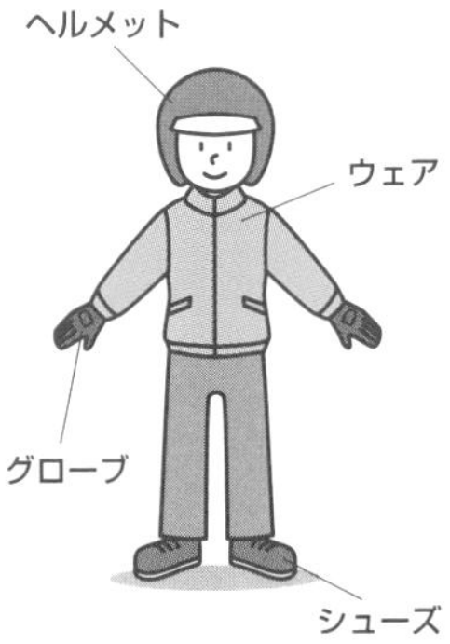
	2	転倒に備え、体の露出が少ない長そで・長ズボンを着用する。目につきやすい色のものを選ぶ。プロテクターを着用する。
	3	運転の妨げになるげたやハイヒールなどは避け、運動靴などをはく。
	4	夜間は、見落とされないように、反射性のウェアや反射材のついたヘルメットを着用する。

STEP 3 これで万全！ 出題ジャンル別・練習問題

問題	正解・解説
No. 1 原動機付自転車を長時間運転するときは、とくに時間を決めて休憩する必要はない。 ここに注目！	No.1 × 原動機付自転車でも、2時間に1回は休憩して疲れをとります。
ひっかけ！ No. 2 運転するとき、強制保険の証明書は自宅に保管しておくべきである。 ここに注目！	No.2 × 強制保険（自賠責保険または責任共済）の証明書は、車に備えつけて運転します。
No. 3 「車など」の区分で、原動機付自転車は「車」に含まれ、自動車には含まれない。 ここに注目！	No.3 ○ 車（車両）は、自動車、原動機付自転車、軽車両（けいしゃりょう）に分類されます。
No. 4 エンジンの総排気量90ccの二輪車は、原動機付自転車になる。 ここに注目！	No.4 × 総排気量90ccの二輪車は、原動機付自転車ではなく、普通自動二輪車になります。
ひっかけ！ No. 5 運転免許は、第一種免許、第二種免許、原付免許の3種類に分けられる。 ここに注目！	No.5 × 運転免許は、第一種免許、第二種免許、仮（かり）免許の3種類に分けられます。
No. 6 原付免許で運転できるのは、原動機付自転車だけである。 ここに注目！	No.6 ○ 原付免許は第一種免許の1つですが、原動機付自転車しか運転できません。
No. 7 原付免許を受けて1年を経過すれば、原動機付自転車で二人乗りをすることができる。 ここに注目！	No.7 × 免許の取得年数にかかわらず、原動機付自転車で二人乗りをしてはいけません。
勘違い！ No. 8 原動機付自転車に、高さ2メートルの荷物を積んで運転した。 ここに注目！	No.8 × 原動機付自転車の積載（せきさい）の高さ制限は地上から2メートル以下なので、高さ2メートルの荷物は積めません。

ここに注目！を要チェック！ 問題文の正誤を判断できるのがこの波線部だ。問題文を読んだらすぐにここに目がいくようトレーニングしていこう。

問題	問題文	答え	解説
No.9	原動機付自転車には、積載装置から左右に0.15メートルまではみ出して荷物を積むことができる。	○	荷物の幅は、積載装置から左右に0.15メートルまではみ出せます。
No.10 （ひっかけ！）	原動機付自転車に積める荷物の重量は、リヤカーをけん引している場合でも30キログラムまでである。	×	リヤカーをけん引している場合は、120キログラムまで荷物を積めます。
No.11	走行中の運転者の視力は、明るさが急に変わると一時急激に低下するので、注意して運転しなければならない。	○	トンネルに入るとき、トンネルから出るときなどは、視力の低下に注意が必要です。
No.12 （勘違い！）	走行中の車に働く遠心力は、カーブの半径が大きくなるほど大きく作用する。	×	遠心力は、カーブの半径が小さくなる（急になる）ほど大きくなります。
No.13	原動機付自転車のチェーンには、緩みがあってはならない。	×	原動機付自転車のチェーンには、適度な緩みが必要です。
No.14	マフラーが破損した原動機付自転車は、大きな音が出て迷惑になるので、運転してはならない。	○	マフラーが破損した車は「整備不良車」になり、運転してはいけません。
No.15	工事用安全帽は、二輪車を運転するときの乗車用ヘルメットとして認められていない。	○	工事用安全帽は乗車用ヘルメットではないので、ＰＳ(c)マークやＪＩＳマークのついたものを選びます。
No.16	二輪車に乗るときは、背すじを丸め、前かがみの乗車姿勢をとるようにする。	×	二輪車に乗るときは、背すじを伸ばし、視線を先のほうへ向けます。

出題ジャンル 2

標識・標示・信号

重要度 ☆☆☆

ポイント＆対策

標識・標示・信号は、覚えておくことが多いジャンルです。種類ごとにまとめて覚え、問題文をよく読むことも大切です。

ここを押さえる！ 出題パターン攻略

出題パターン 1 似たような意味をきく問題

問 右図の標識のあるところでは、追い越しが禁止されている。

ここを見る！ ➡ 似ているものがないか確認！

正解 ×

この標識は、「追越しのための右側部分はみ出し通行禁止」です。「追越し禁止」の補助標識のある、なしがポイントです。

対策はこれだ！

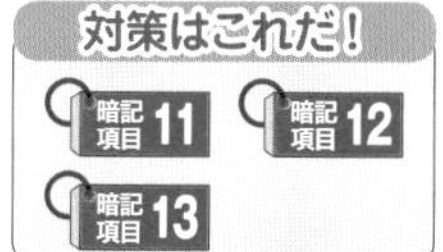

出題パターン 2 原則と例外をきく問題

問 正面の信号が黄色の灯火（とうか）のときは、原則として停止位置から先へ進んではいけない。

ここを見る！ ➡ 原則として＝例外あり！

正解 ○

黄信号では、停止位置から先へ進めませんが、停止位置に近づいていて安全に停止できないときは、そのまま進める例外があります。

対策はこれだ！

出題パターン 3 ケアレスミスをしやすい問題

問 警察官が灯火を頭上に上げているとき、警察官の身体の正面に平行する交通に交差する交通に対しては、赤信号と同じ意味を表している。

ここを見る！ ➡ 問題文をよく読めばＯＫ！

正解 ○

警察官の身体の正面に対面する交通の信号を問う問題。対面する交通に対しては、赤色の灯火信号と同じ意味を表します。

対策はこれだ！

これだけ覚える！ 交通ルール 暗記項目

暗記項目9 標識の種類と意味

	本標識は４種類に分けられる		
本標識	❶規制標識 特定の通行方法を禁止したり、特定の方法に従って通行するよう指定したりするもの	車両通行止め 	歩行者専用 
	❷指示標識 特定の通行方法ができることや、道路上決められた場所などを指示するもの	優先道路 	横断歩道 
	❸警戒標識 道路上の危険や注意すべき状況などを前もって道路利用者に知らせるもの	学校、幼稚園、保育所などあり  黄	下り急こう配(はい)あり  黄
	❹案内標識 地点の名称、方面、距離などを示して通行の便宜を図ろうとするもの	方面及び方向の予告 	待避所 
補助標識	本標識に取り付けられ、その意味を補足するもの	車の種類 / 始まり / 終わり   	

暗記項目10 標示の種類と意味

❶規制標示 特定の通行方法を禁止したり、特定の方法に従って通行するよう指定したりするもの	転回禁止 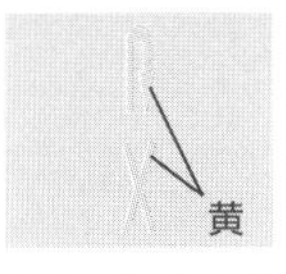 黄	駐車禁止 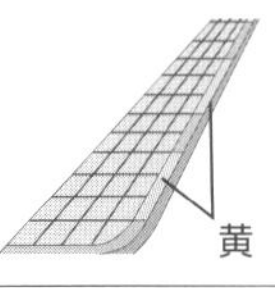 黄
❷指示標示 特定の通行方法ができることや、道路交通上決められた場所などを指示するもの	安全地帯 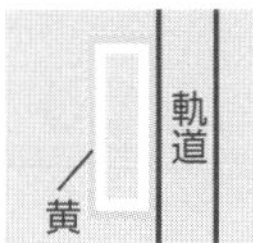 黄	横断歩道または自転車横断帯あり 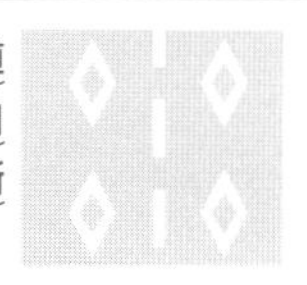

暗記項目11 間違いやすい標識・標示

通行止め

歩行者、車、路面電車のすべてが通行できない。

二輪の自動車以外の自動車通行止め

大型自動二輪車と普通自動二輪車以外の自動車は通行できない。

車両横断禁止

車は、右折を伴う道路の右側への横断が禁止されている（左側への横断は可）。

追越しのための右側部分はみ出し通行禁止

車は、道路の右側部分にはみ出す追い越しが禁止されている。

最高速度

標識で示す数字を超える速度で運転してはいけない（上記は最高速度時速30キロメートル）。

歩行者専用

歩行者専用道路を表し、車は原則として通行できない。

一方通行

一方通行の道路を表す。白地に青色矢印の「左折可」の標示板と似ているので注意。

原動機付自転車の右折方法（小回り）

原動機付自転車は、自動車と同じ小回りの方法で右折しなければならない。

安全地帯

安全地帯であることを表し、車は進入することができない。

T形道路交差点あり

この先にT形の交差点があることを表す。行き止まりを表すものではない。

幅員減少

この先の道路の幅が狭くなることを表す。「車線数減少」の警戒標識と似ているので注意。

道路工事中

この先の道路が工事中であることを表す。通行止めを意味するものではない。

停止禁止部分

車は、この標示内に停止してはいけない。停止は禁止されているが通行することはできる。

終わり

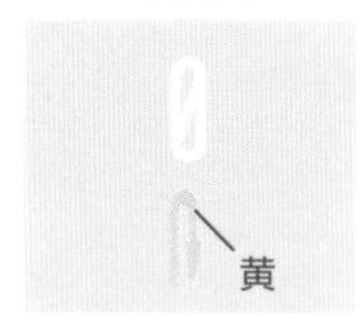

白色の標示は、黄色の規制区間がここで終わることを表す（上記は転回禁止区間の終わり）。

右側通行

車は、道路の右側部分にはみ出して通行することができる。はみ出さなければならないわけではない。

前方優先道路

標示がある道路と交差する前方の道路が優先道路であることを表す。

暗記項目12 信号の種類と意味

信号	意味
青色の灯火信号	車（軽車両を除く）は、直進・左折・右折できる。ただし、二段階右折する原動機付自転車と軽車両は右折できない。
黄色の灯火信号（黄）	車は、停止位置から先へ進んではいけない。ただし、停止位置に近づいていて安全に停止できない場合は、そのまま進める。
赤色の灯火信号	車は、停止位置を越えて進んではいけない。
青色の灯火の矢印信号（青）	車は、矢印の方向に進める。右矢印では転回できる。ただし、二段階右折する原動機付自転車と軽車両は、右矢印に従って進めない。
黄色の灯火の矢印信号（黄）	路面電車は、矢印の方向に進める。路面電車に対する信号なので、車は進めない。
黄色の灯火の点滅信号（黄）	車は、他の交通に注意して進める。必ずしも一時停止や徐行する必要はない。
赤色の灯火の点滅信号	車は、停止位置で一時停止し、安全を確認したあとに進める。
「左折可」の標示板があるとき	前方の信号が赤や黄でも、車は歩行者などまわりの交通に注意しながら左折できる。

暗記項目13 警察官などの手信号・灯火信号の意味

信号	意味
腕を横に水平に上げているとき	身体の正面（背面）に平行する交通は青信号と同じ、対面する交通は赤信号と同じ。
腕を垂直に上げているとき	身体の正面（背面）に平行する交通は黄信号と同じ、対面する交通は赤信号と同じ。
灯火を横に振っているとき	灯火の振られている方向の交通は青信号と同じ、対面する交通は赤信号と同じ。
灯火を頭上に上げているとき	身体の正面（背面）に平行する交通は黄信号と同じ、対面する交通は赤信号と同じ。

STEP 3 これで万全！ 出題ジャンル別・練習問題

問題 ／ 正解・解説

No.1
交通整理中の警察官や交通巡視員の手信号が信号機の信号と異なるときは、信号機の信号に従わなくてもよい。
ここに注目！

No.1 ○
信号機の信号ではなく、警察官や交通巡視員の手信号に従わなければなりません。

No.2
信号機が青色の灯火を表示しているとき、車は進行できるが、歩行者は進行することができない。
ここに注目！

No.2 ×
青信号のときは、歩行者も信号に従って進むことができます。

No.3
図1の信号のある交差点では、自動車は矢印の信号に従って右折することができない。
ここに注目！

黄

図1

No.3 ○
黄色の矢印信号は路面電車に対する信号なので、自動車は進行できません。

No.4
前方の信号が赤色の点滅を表示しているとき、車は他の交通に注意して進むことができる。
ここに注目！

No.4 ×
赤色の点滅信号では、停止位置で一時停止し、安全を確かめてから進行しなければなりません。

No.5
警察官が交差点で両腕を垂直に上げる手信号をしているとき、身体の正面に対面する車は進行してはならない。
ここに注目！

No.5 ○
身体の正面に対面する車に対しては赤信号と同じ意味なので、停止位置を越えて進行してはいけません。

No.6
図2の標識は、自動車や原動機付自転車はもちろん、軽車両や歩行者も通行することができない。
ここに注目！

図2

No.6 ×
図2は「車両通行止め」を表し、車は通行できませんが、歩行者の通行は禁止されていません。

No.7
図3の標識は、前方の交差するほうの道路が優先道路であることを示している。
ここに注目！

図3

No.7 ×
図3の標識は「優先道路」を表し、この標識がある側の道路が優先道路です。

No.8
図4の標示は、車両の立入り禁止部分を示している。
ここに注目！

図4

No.8 ×
図4の標示は「立入り禁止部分」ではなく、「停止禁止部分」を表し、この中で停止してはいけません。

ここに注目! を要チェック！　問題文の正誤を判断できるのがこの波線部だ。問題文を読んだらすぐにここに目がいくようトレーニングしていこう。

No. 9

図５の標識のある場所を通るときは、危険を感じる場合に限り、警音器（けいおんき）を鳴らさなければならない。　ここに注目!

図５

No.9 ×　図５の「警笛（けいてき）鳴らせ」の標識がある場所を通るときは、必ず警音器を鳴らさなければなりません。

No. 10

図６の標識のある交差点では、原動機付自転車は自動車と同じ方法で右折しなければならない。　ここに注目!

図６

No.10 ○　図６は「原動機付自転車の右折方法（小回り）」の標識で、自動車と同じ小回りの方法で右折します。

No. 11

図７の標識は、この先が工事中で通行することができないことを表している。　ここに注目!

図７

No.11 ×　図７は「道路工事中」の警戒標識ですが、通行禁止を意味するものではありません。

勘違い!

No. 12

図８の標示は、この先に交差点があることを表している。　ここに注目!

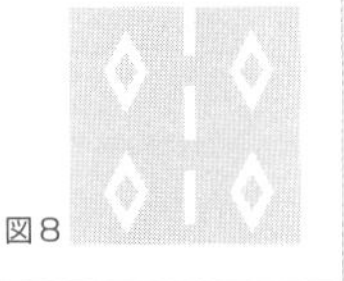

図８

No.12 ×　図８は「横断歩道または自転車横断帯あり」の標示で、交差点があることを表すものではありません。

No. 13

図９の標識は、車が駐車するとき、道路の端に対して平行に止めなければならないことを表している。　ここに注目!

図９

No.13 ○　図９は「平行駐車」を表し、道路の端に対して平行に止めなければなりません。

ひっかけ!

No. 14

ここに注目!

正面の信号が黄色の灯火を示しているときは、他の交通に注意しながら進むことができる。

No.14 ×　黄色の灯火信号では、原則として停止位置から先へ進行してはいけません。

No. 15

警察官が図 10 の灯火信号を行っている場合、矢印方向の交通は、信号機の青色の灯火信号と同じ意味である。　ここに注目!

図 10

No.15 ○　身体の正面または背面（はいめん）に平行する交通に対しては、信号機の青色の灯火信号と同じ意味を表しています。

No. 16

ここに注目!

正面の信号が黄色の点滅を表示しているとき、車は徐行（じょこう）して進まなければならない。

No.16 ×　黄色の点滅信号では、車は他の交通に注意して進むことができ、徐行する必要はありません。

出題ジャンル 3

速度

重要度 ★★☆

ポイント＆対策

数字が多く登場するジャンルですが、項目ごとに出てくる数字の種類は限られているので、それぞれしっかり覚えておきましょう。

STEP 1 ここを押さえる！ 出題パターン攻略

出題パターン 1 常識的な内容をきく問題

問 車の最高速度は、標識や標示によって指定されていない道路では、車の種類によって法令で定められており、この速度を超えて運転してはいけない。

ここを見る！ ➡ 問題をよく読めばOK！

正解 ○

車の種類によって定められている法定速度（自動車は時速60キロメートル、原動機付自転車は時速30キロメートル）を超えて運転してはいけません。

対策はこれだ！

出題パターン 2 言葉の意味をきく問題

問 制動（せいどう）距離とは、空走（くうそう）距離と停止距離を合わせた距離のことである。

ここを見る！ ➡ しっかり覚えておけば大丈夫！

正解 ×

制動距離は、ブレーキが効（き）き始めてから車が停止するまでの距離をいい、この制動距離と空走距離を合わせた距離が停止距離です。

対策はこれだ！

出題パターン 3 数字が合っているかをきく問題

問 路面が雨に濡（ぬ）れ、タイヤがすり減っている場合の停止距離は、乾燥した路面でタイヤの状態がよい場合に比べて、4倍程度に延びることがある。

ここを見る！ ➡ 数字の信憑性（しんぴょうせい）をチェック！

正解 ×

設問のような場合の停止距離は、2倍程度に延びることがあります。

対策はこれだ！

これだけ覚える！ 交通ルール 暗記項目

暗記項目14 最高速度の意味

●規制速度

標識や標示（右記）で指定されている最高速度。車は、規制速度を超えて運転してはいけない。

最高速度時速30キロメートルの標識・標示

標識

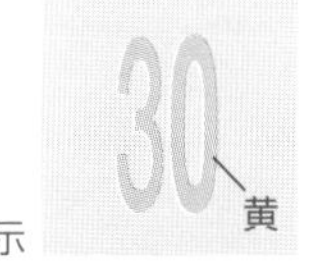

標示

●法定速度

標識や標示で最高速度が指定されていない道路での最高速度。車は、法定速度を超えて運転してはいけない。

自動車の法定速度	原動機付自転車の法定速度	原動機付自転車でリヤカーなどをけん引するときの法定速度
時速60キロメートル	時速30キロメートル	時速25キロメートル

暗記項目15 車の停止距離

空走距離
危険を感じてからブレーキをかけ、ブレーキが効き始めるまでに走る距離

制動距離
ブレーキが効き始めてから、車が完全に停止するまでに走る距離

停止距離
危険を感じてブレーキをかけ、車が完全に停止するまでに走る距離

1	運転者が疲れているときは、空走距離が長くなる。
2	路面が雨に濡れているとき、タイヤがすり減っているときなどは、制動距離が長くなる。
3	路面が雨に濡れ、タイヤがすり減っている場合の停止距離は、路面が乾燥してタイヤが新しい場合に比べて2倍程度に延びることがある。

暗記項目16 二輪車のブレーキのかけ方

1	車体を垂直に保ち、ハンドルを切らない状態で、エンジンブレーキを効かせながら、前輪ブレーキと後輪ブレーキを同時に使用する。
2	急ブレーキは避け、数回に分けて使用する。数回に分けるとブレーキ灯が点灯するので、後続車の追突防止に役立つ。

暗記項目17 徐行の意味と徐行場所

徐行（じょこう）の意味……徐行とは、車がすぐに停止できるような速度で進行することをいう。すぐに停止できるような速度とは、ブレーキをかけて1メートル以内で停止できる速度であり、時速10キロメートル以下が目安。

徐行しなければならない場所	
1	「徐行」の標識（右記）がある場所  
2	左右の見通しのきかない交差点 交通整理が行われている場合や、優先道路を通行している場合は、徐行の必要はない。
3	道路の曲がり角付近 
4	上り坂の頂上付近 
5	こう配（ばい）の急な下り坂 上り坂は徐行場所ではない。 

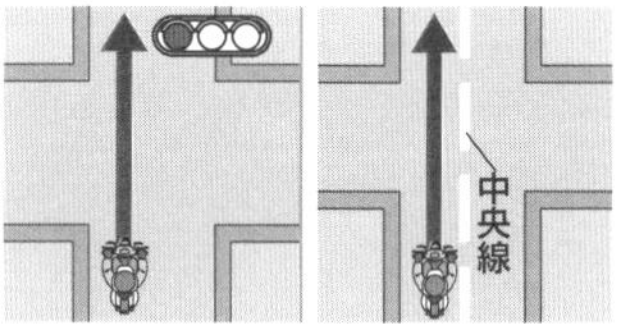

徐行
SLOW

中央線

これで万全！ 出題ジャンル別・練習問題

	問題	正解・解説
No.1	一般道路での法定速度は、自動車は時速60キロメートル、原動機付自転車は時速30キロメートルである。（ここに注目！）	No.1 ○ 一般道路の法定速度は、自動車が時速60キロメートル、原動機付自転車が時速30キロメートルです。
No.2	原動機付自転車は、交通の流れをよくするために、つねに制限速度いっぱいの速度で走るのがよい。（ここに注目！）	No.2 × 天候や道路の状況などを考えた、制限速度内の安全な速度で運転しなければなりません。
ひっかけ！ No.3	ブレーキをかけるときは、最初はできるだけ強くかけたほうがよい。（ここに注目！）	No.3 × ブレーキは、最初はやわらかくかけ、徐々に力を加えるようにして使用します。
No.4	運転者が疲れていると、危険を判断するまでに時間がかかるので、空走距離が長くなる。（ここに注目！）	No.4 ○ 運転者が疲労しているときは、ブレーキが効き始めるまでに走る空走距離が長くなります。
勘違い！ No.5	左右の見通しのきかない交差点では、優先道路を通行しているときでも、徐行しなければならない。（ここに注目！）	No.5 × 優先道路を通行しているときは、左右の見通しのきかない交差点でも徐行する必要はありません。
No.6	徐行とは、車がすぐに停止できるような速度で進行することをいう。（ここに注目！）	No.6 ○ ブレーキをかけてから1メートル以内で止まれる速度で、時速10キロメートル以下とされています。
ひっかけ！ No.7	こう配の急な上り坂は、徐行すべき場所に指定されていない。（ここに注目！）	No.7 ○ 坂道で徐行場所に指定されているのは、上り坂の頂上付近とこう配の急な下り坂です。
勘違い！ No.8	原動機付自転車でブレーキをかけるときは、前輪ブレーキよりも後輪ブレーキをやや早めにかけるようにする。（ここに注目！）	No.8 × 原動機付自転車のブレーキは、前輪ブレーキと後輪ブレーキを同時に使用するのが基本です。

出題ジャンル 4

通行・合図

重要度 ★★☆

ポイント＆対策

このジャンルは、原則と例外があるルールが多く存在します。例外がある項目をピックアップして覚えます。

ここを押さえる！ 出題パターン攻略

出題パターン 1 交通ルールの原則をきく問題

問 同一方向に２つの車両通行帯がある道路では、速度の遅い車が左側の通行帯を、速度の速い車が右側の通行帯を通行する。

ここを見る! ➡ ルールに照らし合わせて考える！

正解 ✕

２車線の道路では、右側の通行帯は追い越しなどのためにあけておき、左側の通行帯を通行するのが原則です。

対策はこれだ！

出題パターン 2 類似する内容の数字をきく問題

問 右左折しようとするときの合図は、右左折しようとする約３秒前に行う。

ここを見る! ➡ 数字の意味を吟味する！

正解 ✕

右左折するときは、右左折しようとする地点から、30 メートル手前で合図をします。

対策はこれだ！

出題パターン 3 例外があるかをきく問題

問 歩道や路側帯(ろそくたい)を横切るときは、歩行者がいてもいなくても、その直前で一時停止しなければならない。

ここを見る! ➡ 例外があるかを考えてみる！

正解 ○

歩道や路側帯を横切るときは、歩行者の有無にかかわらず、一時停止しなければなりません。

対策はこれだ！

これだけ覚える！　交通ルール 暗記項目

暗記項目18 原動機付自転車の通行する場所

車両通行帯のない道路	原動機付自転車は、道路の左側に寄って通行する。
車両通行帯のある道路	原動機付自転車は、速度が遅いので最も左側の通行帯を通行する（最も右側の通行帯は右折や追い越しのためにあけておく）。

道路の中央より右側の部分にはみ出して通行できる場合	
1	道路が一方通行になっているとき
2	通行するための十分な道幅がないとき
3	道路工事などでやむを得ないとき
4	左側部分の幅が６メートル未満の見通しのよい道路で追い越しをするとき（禁止場所を除く）
5	「右側通行」の標示があるとき

暗記項目19 原動機付自転車の通行が禁止されている場所

1	標識や標示で通行が禁止されている場所（右は一例）。 通行止め  車両通行止め 自転車専用  安全地帯 立入り禁止部分 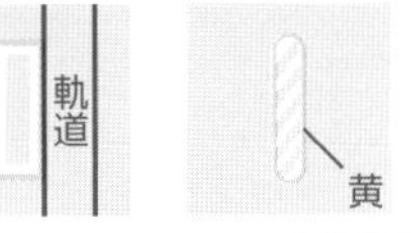
2	歩道・路側帯。ただし、道路に面した場所に出入りするために横切る場合は、その直前で一時停止して通行できる。
3	歩行者用道路。ただし、沿道に車庫を持つなどとくに認められた車は通行できる。
4	軌道敷内。ただし、右左折するためや、やむを得ない場合は通行できる。

暗記項目20 警音器を鳴らさなければならない場所

1	「警笛鳴らせ」の標識（右記）があるとき 
2	「警笛区間」の標識（右記）がある区間内の次の場所を通るとき ①見通しのきかない交差点、②見通しのきかない道路の曲がり角、 ③見通しのきかない上り坂の頂上 

警音器（けいおんき）はみだりに鳴らしてはならないが、危険を防止するためやむを得ないときは鳴らすことができる。

暗記項目21 合図の時期と方法

合図を行う場合	合図を行う時期	合図の方法
左折するとき（環状交差点内を除く）	左折地点（交差点ではその交差点）から30メートル手前	 左側の方向指示器を出すか、右腕のひじを垂直に上に曲げるか、左腕を水平に伸ばす
環状交差点を出るとき（入るときは合図を行わない）	出ようとする地点の直前の出口の側方を通過したとき（環状交差点に入った直後の出口を出る場合は、その環状交差点に入ったとき）	
左へ進路変更するとき	進路を変える約3秒前	
右折または転回するとき（環状交差点内を除く）	右折または転回地点（交差点ではその交差点）から30メートル手前	 右側の方向指示器を出すか、右腕を水平に伸ばすか、左腕のひじを垂直に上に曲げる
右へ進路変更するとき	進路を変える約3秒前	
徐行または停止するとき	徐行または停止するとき	 ブレーキ灯をつけるか、腕を斜め下に伸ばす
後退するとき	後退するとき	 後退灯をつけるか、腕を斜め下に伸ばし、手のひらを後ろに向けて腕を前後に振る

暗記項目22 進路変更の禁止

1	車両通行帯が黄色の線で区画されているときは、A・Bどちらの側からも進路変更してはいけない。	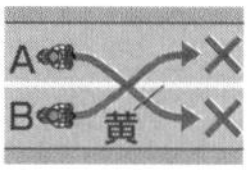 A ✕ B ✕ 黄
2	車両通行帯が白と黄色の線で区画されているときは、黄色の線があるBの側からは進路変更できない。	 A ✕ B ○ 黄

これで万全！ 出題ジャンル別・練習問題

問題	正解・解説
No.1 同一方向に３つ以上の車両通行帯があるとき、原動機付自転車は原則として最も左側の通行帯を通行しなければならない。ここに注目！	No.1 ○ 原動機付自転車は、追い越しなどのためやむを得ない場合を除き、最も左側の通行帯を通行します。
ひっかけ！ No.2 一方通行の道路でも、道路の右側部分にはみ出して通行してはならない。ここに注目！	No.2 × 一方通行の道路は反対方向から車が来ないので、道路の右側部分にはみ出して通行することができます。
No.3 歩行者専用道路は、車両の通行が禁止されているが、沿道に車庫を持つ車で警察署長の許可を受けていれば、徐行して通行することができる。ここに注目！	No.3 ○ 歩行者専用道路は、原則として車の通行が禁止されていますが、許可を受ければ徐行して通行できます。
No.4 二輪車を押して歩くときは歩行者として扱われるが、エンジンをかけているものや、他の車をけん引しているものは、歩行者として扱われない。ここに注目！	No.4 ○ 原動機付自転車は、けん引していない状態で、エンジンを止めて押して歩く場合に歩行者と見なされます。
No.5 図１の手による合図は、右折か転回、または右へ進路を変えようとすることを表している。ここに注目！ 図1	No.5 × 二輪車の運転者による左腕を水平に伸ばす合図は、左折か左へ進路を変えようとすることを表します。
ひっかけ！ No.6 図２の標示のあるところでは、Aの通行帯からBの通行帯へ進路を変えてはならない。ここに注目！ 図2（黄 A B）	No.6 × 白の破線のあるAからBへは進路変更できますが、黄色の実線のあるBからAへは進路変更できません。
No.7 環状交差点を出るときに行う合図の時期は、出ようとするときの約３秒前である。	No.7 × 環状交差点を出ようとする地点の直前の出口の側方を通過したときに合図を行います。
勘違い！ No.8 前車を追い越そうとしたところ、前車がそれに気づかずに右に進路を変えようとしたので、危険を感じて警音器を鳴らした。ここに注目！	No.8 ○ 危険を防止するためやむを得ない場合は、警音器を鳴らすことができます。

出題ジャンル 5

保護・優先

重要度 ★★☆

ポイント＆対策

このジャンルは、歩行者や他の車の安全を考えた運転方法をきく問題が多く出されます。安全第一を考えることがポイントです。

ここを押さえる！ 出題パターン攻略

出題パターン 1 ２つのケースをきく問題！

問 安全地帯のそばを通るとき、歩行者がいるときは徐行（じょこう）しなければならないが、いないときは徐行しなくてもよい。

ここを見る！ ➡ ケースごとの対応をチェック！

正解 ○

安全地帯に歩行者がいるときは徐行が必要ですが、歩行者がいないときは徐行する必要はありません。

対策はこれだ！

出題パターン 2 歩行者の安全な通行をきく問題！

問 前方に横断歩道がある道路で、近くに歩行者がいたが、横断歩道を横断するかしないかわからなかったので、そのままの速度で急いで通過した。

ここを見る！ ➡ 歩行者の安全を第一に考える！

正解 ×

横断歩道を横断する人が、いるかいないか明らかでないときは、その手前で停止できるような速度で進まなければなりません。

対策はこれだ！

出題パターン 3 状況によってルールが異なる問題！

問 近くに交差点のない一方通行の道路で緊急（きんきゅう）自動車が近づいてきたときは、状況によっては道路の右側に寄って進路を譲（ゆず）ってもよい。

ここを見る！ ➡ 問題文の状況を把握する！

正解 ○

一方通行の道路で、左側に寄るとかえって交通の妨（さまた）げになるときは、右側に寄って緊急自動車に進路を譲ります。

対策はこれだ！

これだけ覚える！ 交通ルール 暗記項目

暗記項目23 歩行者などのそばを通るとき

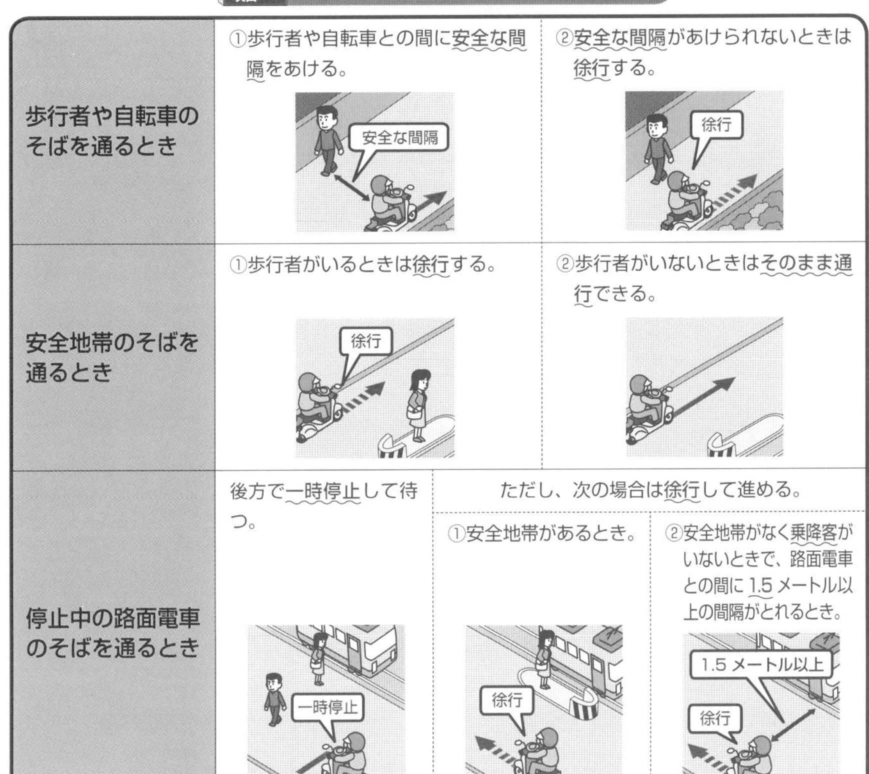

歩行者や自転車のそばを通るとき	①歩行者や自転車との間に安全な間隔をあける。	②安全な間隔があけられないときは徐行する。
安全地帯のそばを通るとき	①歩行者がいるときは徐行する。	②歩行者がいないときはそのまま通行できる。

		ただし、次の場合は徐行して進める。	
停止中の路面電車のそばを通るとき	後方で一時停止して待つ。	①安全地帯があるとき。	②安全地帯がなく乗降客がいないときで、路面電車との間に 1.5 メートル以上の間隔がとれるとき。

暗記項目24 横断歩道や自転車横断帯に近づいたとき

1	明らかに横断する人などがいないときは、そのまま進める。
2	横断する人などがいるかいないか明らかでないときは、停止できるように速度を落として進む。
3	歩行者などが横断、または横断しようとしているときは、一時停止して道を譲る。
4	横断歩道や自転車横断帯の手前に停止車両があるときは、前方に出る前に一時停止して安全を確認する。
5	横断歩道のない交差点付近を歩行者が横断しているときは、その通行を妨げてはいけない。

暗記項目25 そばを通るときに一時停止か徐行が必要な人

1	1人で歩いている子ども。	
2	身体障害者用の車いすで通行している人。	
3	白か黄色のつえを持って歩いている人。	
4	盲導犬を連れて歩いている人。	
5	通行に支障のある高齢者など。	

暗記項目26 車に表示される標識(マーク)の種類と意味

下記のマークをつけた車に対しては、車の側方に幅寄せしたり、前方に無理に割り込んだりしてはいけない。

初心運転者標識 (初心者マーク)	高齢運転者標識 (高齢者マーク)	身体障害者標識 (身体障害者マーク)
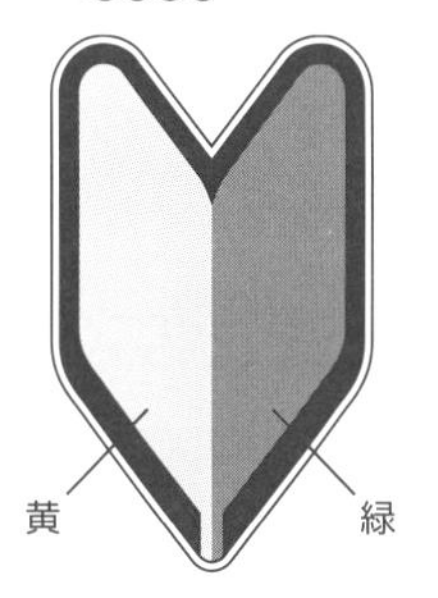	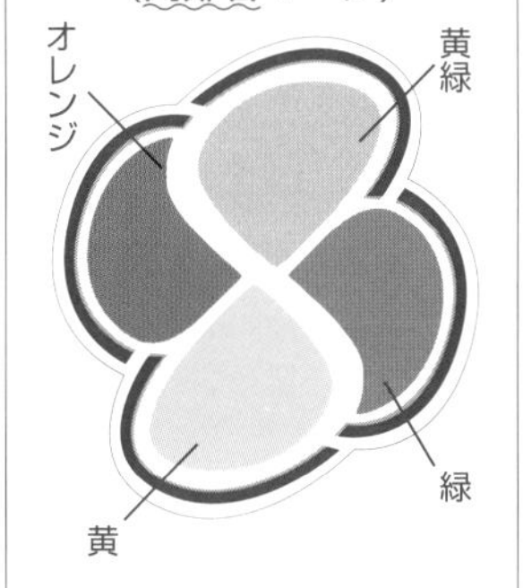	
免許を受けて1年未満の人が、自動車を運転するときにつけるマーク。	70歳以上の人が、自動車を運転するときにつけるマーク。	身体に障害がある人が、自動車を運転するときにつけるマーク。
聴覚障害者標識 (聴覚障害者マーク)	仮免許練習標識 (仮免許マーク)	
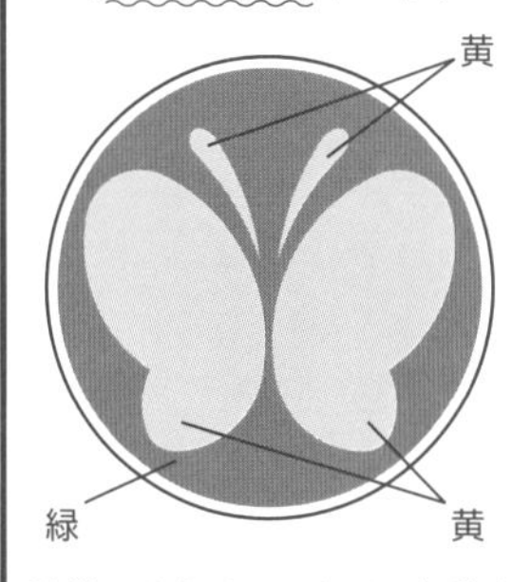	仮免許 練習中	
聴覚に障害がある人が、自動車を運転するときにつけるマーク。	運転の練習をする人が自動車を運転するときにつけるマーク。	初心者マークをつけた普通自動車への幅寄せや割り込みは、やむを得ない場合を除き禁止。

暗記項目27 緊急自動車の優先

交差点付近では

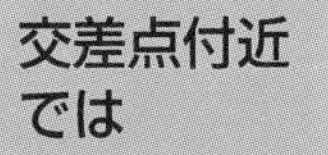

交差点を避け、道路の左側に寄って一時停止する。

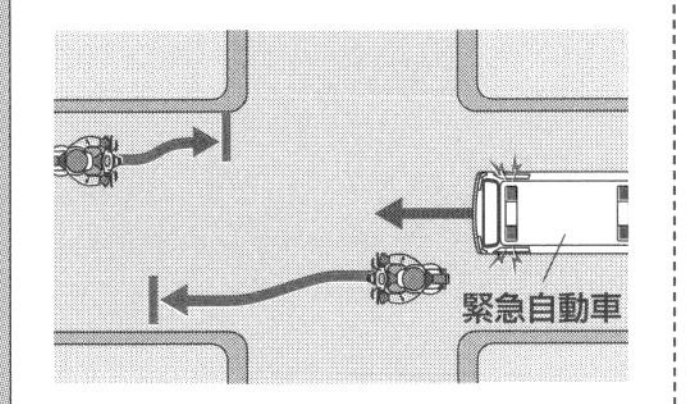

一方通行の道路で、左側に寄るとかえって緊急自動車の妨げとなるときは、右側に寄って一時停止する。

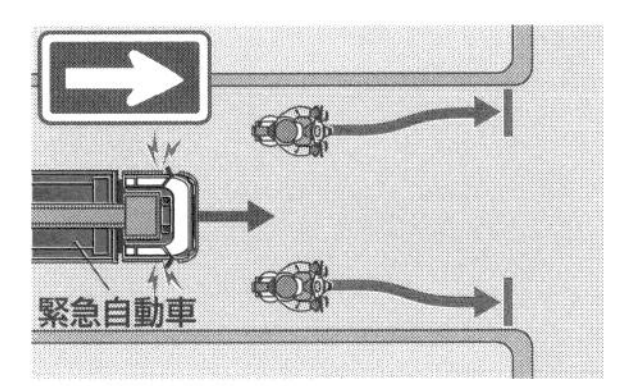

交差点付近以外では

道路の左側に寄って緊急自動車に進路を譲る。

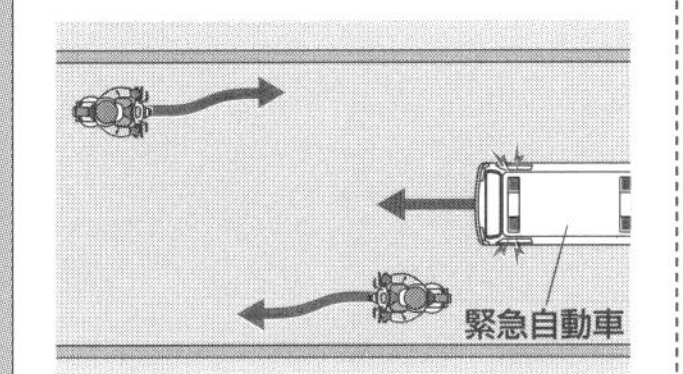

一方通行の道路で、左側に寄るとかえって緊急自動車の妨げとなるときは、右側に寄って進路を譲る。

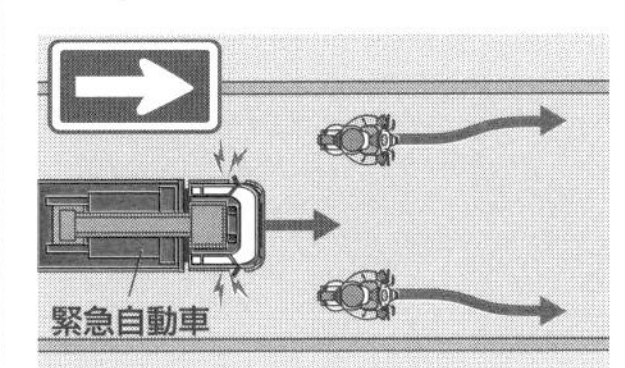

暗記項目28 路線バスなどの優先

専用通行帯では

小型特殊自動車、原動機付自転車、軽車両は、専用通行帯を通行できる。

小型特殊を除く自動車は、原則として専用通行帯を通行できない。

優先通行帯では

小型特殊自動車、原動機付自転車、軽車両は、優先通行帯を通行できる。

小型特殊を除く自動車も通行できるが、路線バスなどが接近してきたときは、他の通行帯に移らなければならない（原動機付自転車は左に寄る）。

STEP 3 これで万全！ 出題ジャンル別・練習問題

問題	正解・解説
 No.1 歩行者のそばを通るときは、必ず徐行（じょこう）しなければならない。 ここに注目！	No.1 × 歩行者と安全な間隔（かんかく）をあけることができれば、徐行する必要はありません。
 No.2 歩行者に泥（どろ）や水をはねてしまったときは、たとえ徐行していても運転者の責任である。 ここに注目！	No.2 ○ 運転中に泥や水をはねる行為は、運転者の責任です。速度を落とし、注意して運転しましょう。
 ひっかけ！ No.3 路面電車が停留所に停止していたが、安全地帯に乗降客がいなかったので、徐行しないでその側方を通過した。 ここに注目！	No.3 × 安全地帯のある停留所に路面電車が停止中の場合は、乗降客がいなくても徐行しなければなりません。
No.4 安全地帯のない停留所で停止している路面電車に乗り降りする人がいるときは、後方で停止して待たなければならない。	No.4 ○ 安全地帯のない停留所に乗降客がいるときは、後方で停止して待たなければなりません。
No.5 交通整理の行われていない横断歩道の手前にトラックが停止していたので、徐行してトラックの側方を通過した。	No.5 × 横断歩道の手前に車が停止しているときは、前方に出る前に一時停止して、横断者の安全を確かめます。
 ひっかけ！ No.6 図1のマークをつけている車を追い越したり、追い抜いたりすることは禁止されている。 ここに注目！  図1	No.6 × 「初心者マーク」をつけた車の追い越しや追い抜きは、とくに禁止されていません。
 No.7 図2は、70歳以上の高齢者が普通自動車を運転するときに表示するマークである。 ここに注目！  図2	No.7 ○ 図2は「高齢運転者標識（高齢者マーク）」で、70歳以上の人が普通自動車を運転するときに表示します。
 勘違い！ No.8 横断歩道を横断する人がいないことが明らかな場合でも、横断歩道の直前では、いつでも停止できるような速度に減速して進むべきである。 ここに注目！	 No.8 × 横断歩道を横断する人が明らかにいない場合は、減速する必要はなく、そのまま進行できます。

ここに注目！ を要チェック！ 問題文の正誤を判断できるのがこの波線部だ。問題文を読んだらすぐにここに目がいくようトレーニングしていこう。

No.9 自転車が進路の前方の自転車横断帯を横断しようとしているときは、横断しているときと同じように一時停止しなければならない。 ここに注目！	No.9 ○ 横断しているときと同様に、その直前で一時停止して、自転車の横断を妨(さまた)げてはいけません。
No.10 白や黄色のつえを持った人や、盲導犬(もうどうけん)を連れた人が歩いているときは、それらの人が安全に通行できるように、一時停止または徐行をしなければならない。 ここに注目！	No.10 ○ つえを持った人や、盲導犬を連れた人が安全に通行できるように、一時停止か徐行をして保護します。
 No.11 通行に支障(ししょう)のある高齢者が歩いているときは、必ず一時停止して安全に通れるようにしなければならない。 ここに注目！	No.11 × 必ず一時停止ではなく、徐行または一時停止をして、高齢者が安全に通れるようにします。
 No.12 原動機付自転車は路線バス等の専用通行帯を通行できるが、小型特殊を除く自動車は、右左折などの場合のほかは通行することができない。 ここに注目！	No.12 ○ 原動機付自転車、小型特殊自動車、軽車両(けいしゃりょう)以外の車は、原則として専用通行帯を通行できません。
No.13 原付免許を受けて1年を経過していない人は、原動機付自転車に初心者マークを表示しなければならない。 ここに注目！	No.13 × 初心者マークは、準中型免許または普通免許を受けて1年未満の人が自動車を運転するときにつけます。
No.14 図3の通行帯を通行中の原動機付自転車は、路線バスが近づいてきたら、他の通行帯に出なければならない。 図3 ここに注目！	No.14 × 原動機付自転車は、路線バスが近づいてきても、「路線バス等優先通行帯」から出る必要はありません。
No.15 交差点付近で緊急(きんきゅう)自動車が近づいてきたので、交差点に入るのを避(さ)け、左側に寄って一時停止した（一方通行の道路を除く）。 ここに注目！	No.15 ○ 交差点付近では、交差点を避け、道路の左側に寄って一時停止し、緊急自動車に進路を譲(ゆず)ります。
No.16 交差点やその付近以外の道路を通行中、後方から緊急自動車が接近してきたときは、一方通行の道路でも必ず道路の左側に寄って進路を譲らなければならない。 ここに注目！	No.16 × 一方通行の道路で、左側に寄るとかえって緊急自動車の妨げになる場合は、右側に寄って進路を譲ります。

出題ジャンル **6**

追い越し

重要度 ☆☆☆

ポイント＆対策

このジャンルは、数字、原則と例外をきく問題が多く出されます。項目ごとにまとめて覚え、ひっかけ問題にも注意します。

ここを押さえる！ 出題パターン攻略

出題パターン 1 数字の範囲をきく問題

問 横断歩道や自転車横断帯とその前後30メートル以内の場所は、追い越しが禁止されている。

ここを見る! ➡ 数字の前後をよく読む！

正解 ×

追い越しが禁止されているのは、横断歩道や自転車横断帯とその手前30メートル以内の場所です。

対策はこれだ！ 暗記項目32

出題パターン 2 原則と例外をきく問題

問 トンネル内での追い越しは、車両通行帯がない場合は禁止されているが、車両通行帯がある場合は禁止されていない。

ここを見る! ➡ 例外がないかチェックする！

正解 ○

車両通行帯のあるトンネル内での追い越しは、とくに禁止されていません。

対策はこれだ！

暗記項目32

出題パターン 3 言葉の意味をきく問題

問 前車が原動機付自転車を追い越そうとしているときに、その車を追い越すと二重追い越しになる。

ここを見る! ➡ 車の種類をチェックする！

正解 ×

二重追い越しとなるのは、前車が自動車を追い越そうとしているときに前車を追い越す行為です。

対策はこれだ！

これだけ覚える！　交通ルール 暗記項目

暗記項目29 追い越しと追い抜きの違い

追い越し	追い抜き
進路を変えて、進行中の前車の前方に出ること。	進路を変えずに、進行中の前車の前方に出ること。
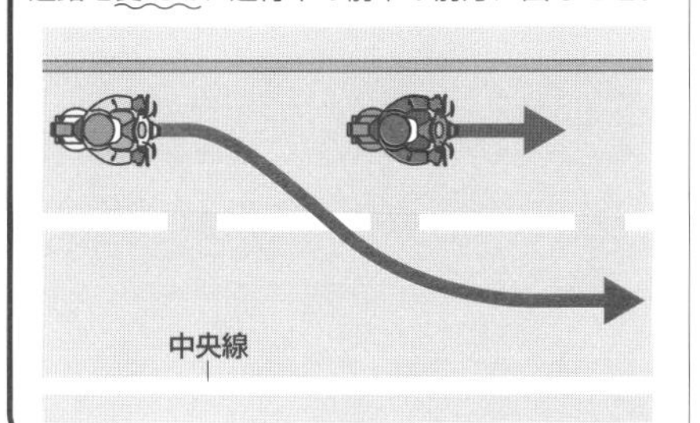	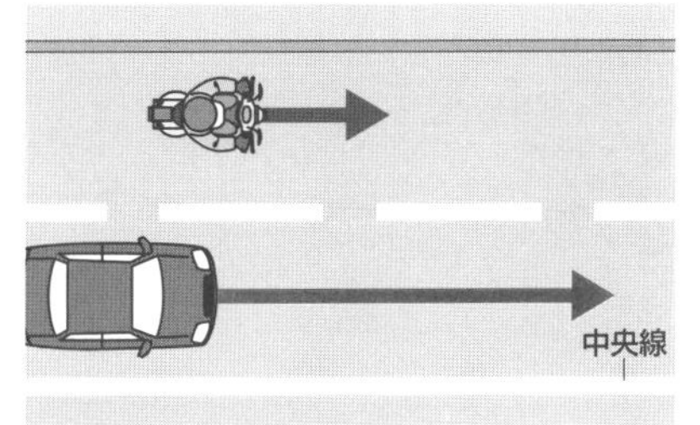

暗記項目30 追い越しが禁止されている場合

1	前車が自動車（原動機付自転車ならOK）を追い越そうとしているとき（二重追い越し）。 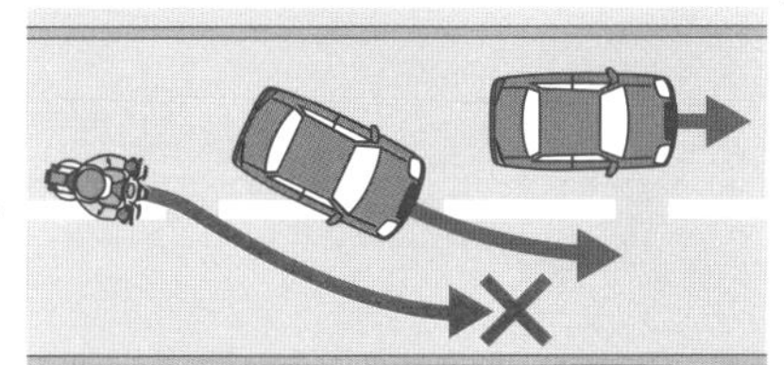
2	前車が右折などのため右側に進路を変えようとしているとき。
3	右側部分に入って追い越しをすると、対向車の進行を妨げるようなとき。
4	前車の進行を妨げなければ、左側部分に戻ることができないようなとき。
5	後続車が自分の車を追い越そうとしているとき。

暗記項目31 追い越し禁止に関する標識・標示

「追越し禁止」の標識	「追越しのための右側部分はみ出し通行禁止」の標識・標示
	 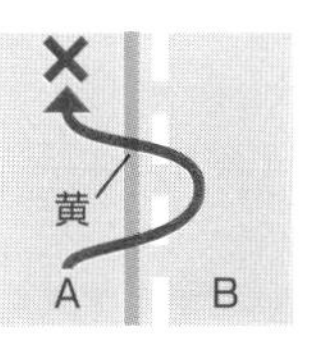
道路の右側部分にはみ出す、はみ出さないに関係なく、追い越しはすべて禁止されている。	道路の右側部分にはみ出す追い越しが禁止されている。右側の標示では、黄色の線が引かれたAを通行する車のはみ出し追い越しが禁止されている。

暗記項目32 追い越しが禁止されている８つの場所

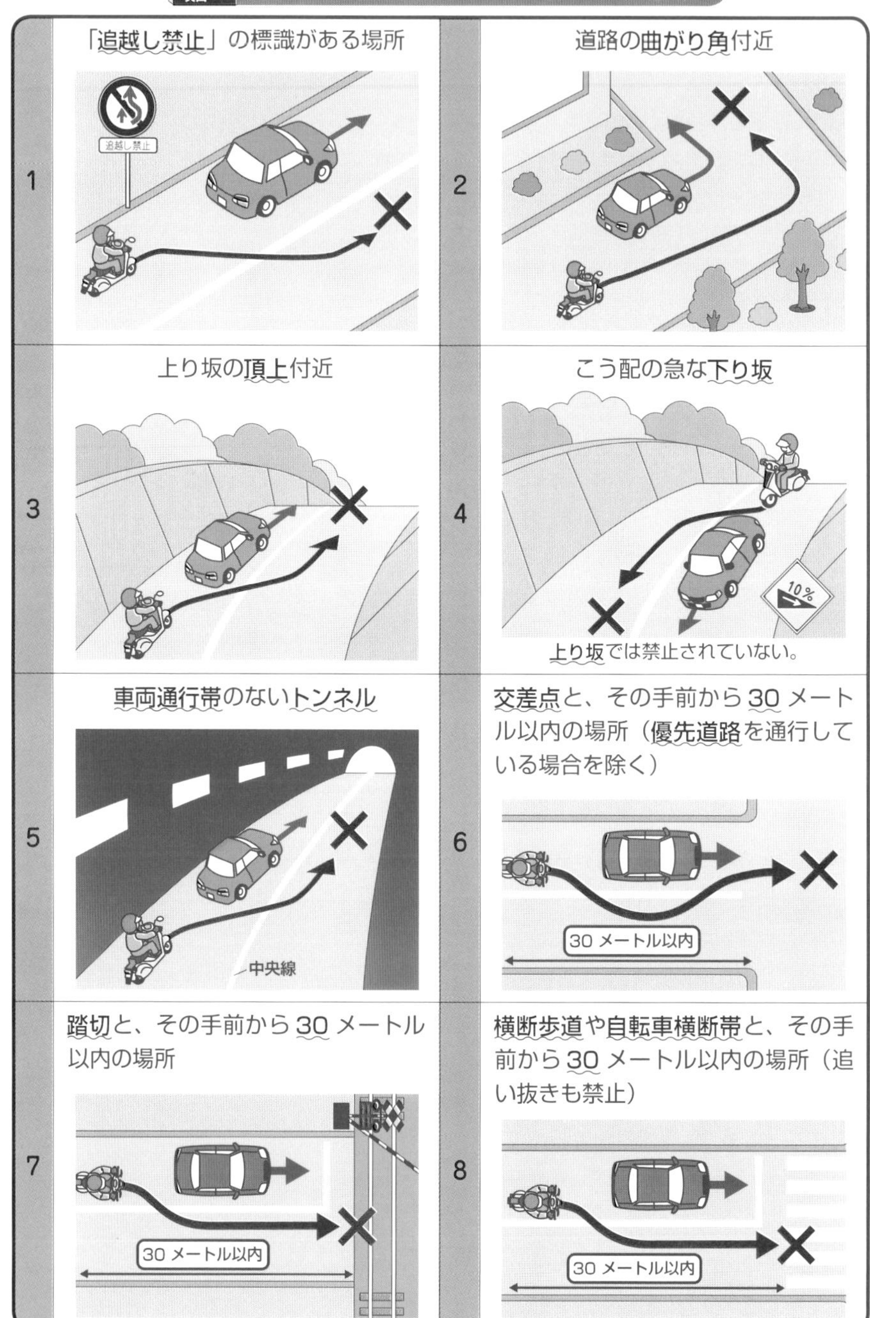

これで万全！ 出題ジャンル別・練習問題

問題	正解・解説
No.1 後ろの車が自分の車を追い越そうとしているときは、前の車を追い越してはならない。（ここに注目！）	**No.1** ○ 後車が自分の車を追い越そうとしているときは、追い越しをしてはいけません。
ひっかけ！ **No.2** 追い越しをするときは加速しなければならないので、多少であれば定められた最高速度を超えてもよい。（ここに注目！）	**No.2** × 追い越しをするときは、定められた最高速度を超えてはいけません。
勘違い！ **No.3** 図1の標識は、「追越し禁止」を表している。（ここに注目！） 図1	**No.3** × 図1は、「追越しのための右側部分はみ出し通行禁止」を表す標識です。
No.4 車が進路を変えずに走行中の前車の前方に出ることを「追い抜き」という。（ここに注目！）	**No.4** ○ 走行中の前車の前方に出るとき、進路を変えるのが「追い越し」、進路を変えないのが「追い抜き」です。
No.5 追い越し禁止の場所でも、原動機付自転車であれば追い越しをしてもよい。（ここに注目！）	**No.5** × 追い越し禁止の場所では、原動機付自転車でも、追い越しをしてはいけません。
ひっかけ！ **No.6** 図2のような場所では、たとえ安全であってもA車はB車を追い越してはならない。（ここに注目！） 図2（30メートル、A、B）	**No.6** × A車は優先道路を通行しているので、交差点の手前30メートル以内で追い越しができます。
No.7 踏切とその手前から30メートル以内は、追い越し禁止の場所である。（ここに注目！）	**No.7** ○ 踏切とその手前から30メートル以内は、追い越し禁止場所に指定されています。
勘違い！ **No.8** （ここに注目！）バスの停留所とその手前から30メートル以内は、追い越し禁止の場所である。	**No.8** × バスの停留所とその手前から30メートル以内は、追い越し禁止場所に指定されていません。

出題ジャンル 7

危険な場所

重要度 ★★☆

ポイント＆対策

このジャンルは、さまざまな状況での適切な運転方法をきく問題が多く出されます。ケースごとの安全な運転方法を考えます。

ここを押さえる！ 出題パターン攻略

出題パターン 1 状況による違いをきく問題

問 一方通行の道路の交差点を右折するときは、あらかじめできるだけ道路の中央に寄り、交差点の中心のすぐ内側を徐行して通行する。

ここを見る！ ➡ 方法の違いをチェック！

正解 ×

一方通行路では、対向車が来ないので、あらかじめできるだけ道路の右端に寄り、交差点の内側を徐行しながら通行します。

対策はこれだ！

暗記項目 40

出題パターン 2 図の意味をきく問題

問 右の標識は、原動機付自転車が自動車と同じ方法で右折しなければならないことを表している。

ここを見る！ ➡ “安全第一”で考えればＯＫ！

正解 ○

図の標識は、二段階右折することを禁止する標識ですから、自動車と同じ小回りの方法で右折しなければなりません。

対策はこれだ！

出題パターン 3 方法の選択肢をきく問題

問 狭い坂道での行き違いは、近くに待避所があるときでも、下りの車が停止して上りの車に道を譲る。

ここを見る！ ➡ すべて同じ方法かチェック！

正解

待避所がある場合は、上り下りに関係なく、待避所のある側の車がそこに入って道を譲ります。

対策はこれだ！

これだけ覚える！ 交通ルール 暗記項目

暗記項目33 交差点の右左折の方法

左折の方法	右折の方法	
	小回り右折	二段階右折
あらかじめ道路の左端に寄り、交差点の側端に沿って徐行しながら通行する。	あらかじめ道路の中央（一方通行路では右端）に寄り、交差点の中心のすぐ内側（一方通行路では内側）を徐行しながら通行する。	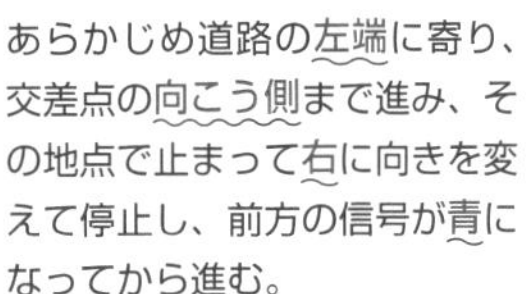 あらかじめ道路の左端に寄り、交差点の向こう側まで進み、その地点で止まって右に向きを変えて停止し、前方の信号が青になってから進む。
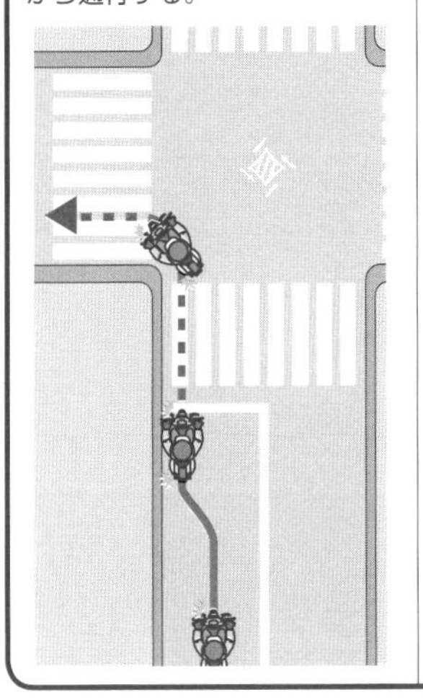	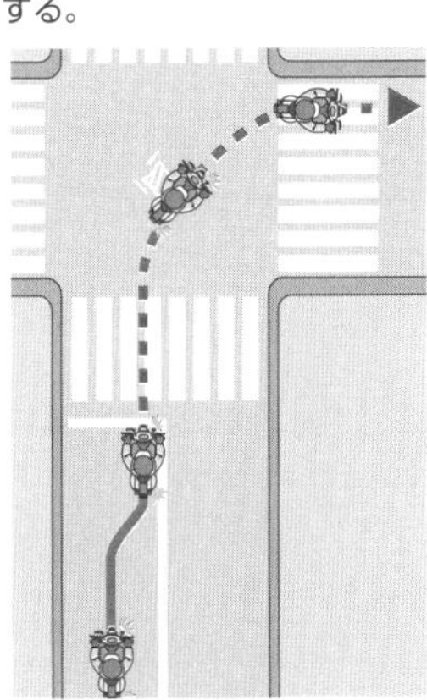	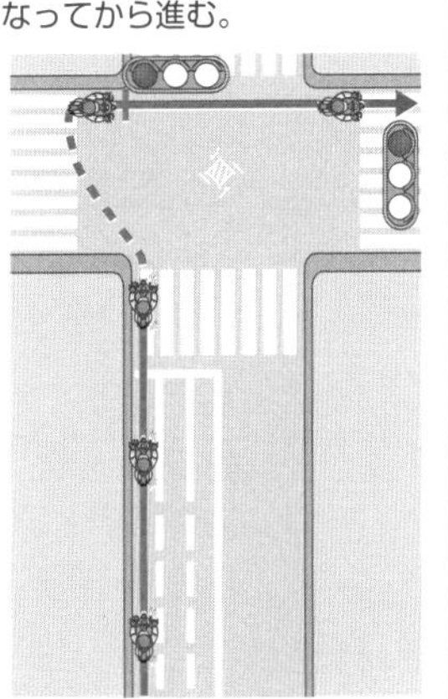

暗記項目34 原動機付自転車が小回り右折しなければならない場合

1	交通整理が行われていない道路の交差点。	小回り 
2	交通整理が行われていて、片側2車線以下の道路の交差点。	
3	交通整理が行われていて、片側3車線以上で「原動機付自転車の右折方法（小回り）」の標識（右記）がある道路の交差点。	

暗記項目35 原動機付自転車が二段階右折しなければならない場合

1	交通整理が行われていて、「原動機付自転車の右折方法（二段階）」の標識（右記）がある道路の交差点。	二段階 
2	交通整理が行われていて、片側3車線以上の道路の交差点。	

暗記項目36 交通整理の行われていない交差点での優先関係

交差道路が優先道路のとき	交差道路の道幅が広いとき
徐行をして、優先道路を通行する車の進行を妨げてはいけない。	徐行をして、道幅が広い道路を通行する車の進行を妨げてはいけない。
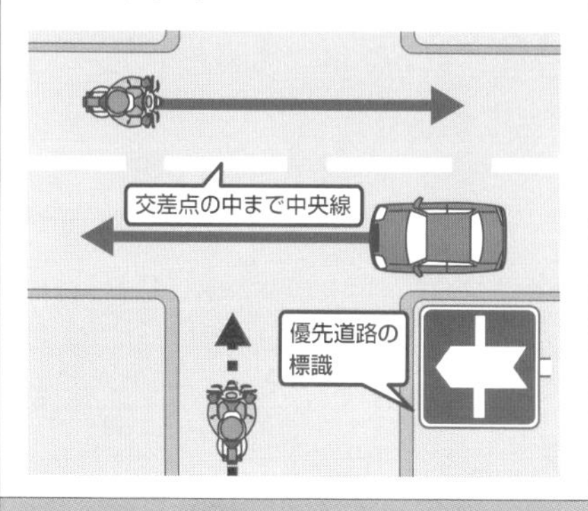	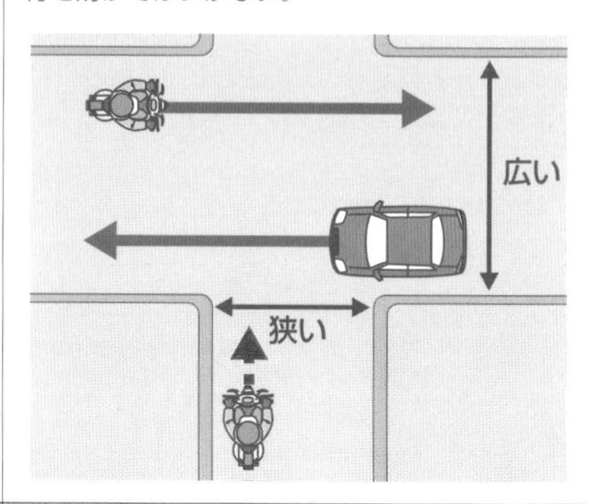
同じ道幅のとき	**同じ道幅で路面電車が進行してくるとき**
左方から進行してくる車の進行を妨げてはいけない。	右方・左方にかかわらず、路面電車の進行を妨げてはいけない。
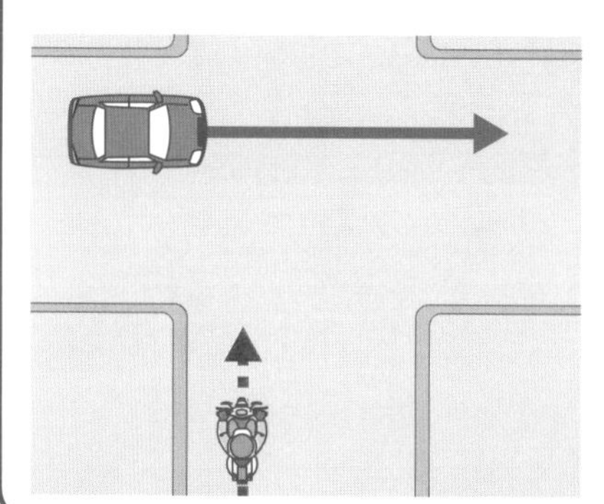	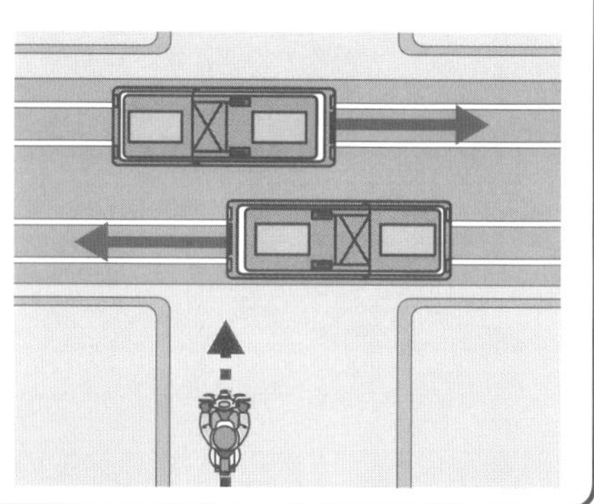

暗記項目37 踏切の通行方法

1	踏切の直前で一時停止し、目と耳で左右の安全を確かめる。信号機がある場合は、信号に従って通過できる（安全確認は必要）。
2	踏切の向こう側が混雑しているときは、踏切に進入してはいけない。
3	エンスト防止のため、低速ギアのまま一気に通過する。
4	左側への落輪防止のため、踏切のやや中央寄りを通過する。
5	踏切内で故障したときは、車を踏切外へ移動する。移動できないときは、踏切支障報知装置（非常ボタン）を押して列車の運転士に知らせる。

暗記項目38 坂道を通行するときのポイント

1	上り坂で前車に続いて停止するときは、前車が後退するおそれがあるので、車間距離を十分にあけて停止する。	
2	長い下り坂を通行するときは、エンジンブレーキを主に使用し、前後輪ブレーキは補助的に使用する。	

暗記項目39 カーブを通行するときのポイント

1	あらかじめ直線部分で十分に減速し、カーブの後半から徐々に加速する。	
2	カーブ中はハンドルだけで曲がろうとせずに、車体をカーブの内側に傾けて、自然に曲がるようにする。	

暗記項目40 行き違いのポイント

1	自車の前方に障害物があるときは、あらかじめ一時停止か減速をして、対向車に道を譲る。	3	片側に危険ながけがあるときは、がけ側の車が安全な場所で一時停止して、対向車に道を譲る。
2	狭い坂道で行き違うときは、下りの車が停止して、発進の難しい上りの車に道を譲る。	4	待避所があるときは、上り・下りに関係なく、待避所のある側の車がそこに入って道を譲る。

STEP 3 これで万全！ 出題ジャンル別・練習問題

問題	正解・解説
ひっかけ! **No.1** 内輪差とは、車が曲がるとき、前輪が後輪より内側を通ることによる軌跡の差をいう。 ここに注目！	No.1 × 車が曲がるとき、後輪は前輪より内側を通ります。その後輪と前輪の軌跡の差が「内輪差」です。
No.2 図1の標識は、原動機付自転車が交差点を右折するとき、二段階右折しなければならないことを表している。 ここに注目！ 図1	No.2 ○ 図1は「原動機付自転車の右折方法（二段階）」を表し、原動機付自転車は二段階右折しなければなりません。
No.3 交差点を左折するときは、車はあらかじめできるだけ道路の左端に寄り、交差点の側端に沿って徐行しなければならない。 ここに注目！	No.3 ○ 交差点を左折するときは、道路の左端に寄り、交差点の側端に沿って徐行しながら曲がります。
 **No.4** 交差点で右折しようとするとき、先に交差点内に入っていれば、直進車よりも先に右折してよい。 ここに注目！	No.4 × たとえ先に交差点に入っていても、右折車は直進車の進行を妨げてはいけません。
No.5 交差する道路が優先道路であったり、その幅が広かったりするときは、徐行などをして、交差する道路を通行する車の進行を妨げてはならない。 ここに注目！	No.5 ○ 優先道路や道幅の広い道路を通行する車の進行を妨げてはいけません。
No.6 図2のような道幅の同じ交差点では、原動機付自転車は普通自動車より先に進むことができる。 ここに注目！ 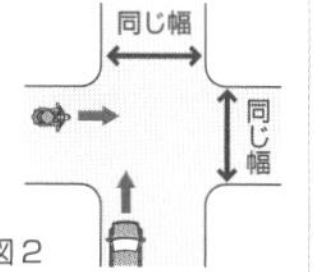 図2	No.6 ○ 道幅の同じ交差点では、右方の普通自動車は、左方の原動機付自転車の進行を妨げてはいけません。
 **No.7** 見通しのよい踏切を通過するときは、安全を確認すれば一時停止はしなくてもよい。 ここに注目！	No.7 × 見通しのよい踏切でも一時停止をして、安全を確かめてから通過しなければなりません。
No.8 踏切を通過するときは、遮断機が上がっていても、車はその直前で一時停止し、安全を確認しなければならない。 ここに注目！	No.8 ○ 遮断機が上がっていても、一時停止して安全を確認してから踏切を通過します。

ここに注目！を要チェック！　問題文の正誤を判断できるのがこの波線部だ。問題文を読んだらすぐにここに目がいくようトレーニングしていこう。

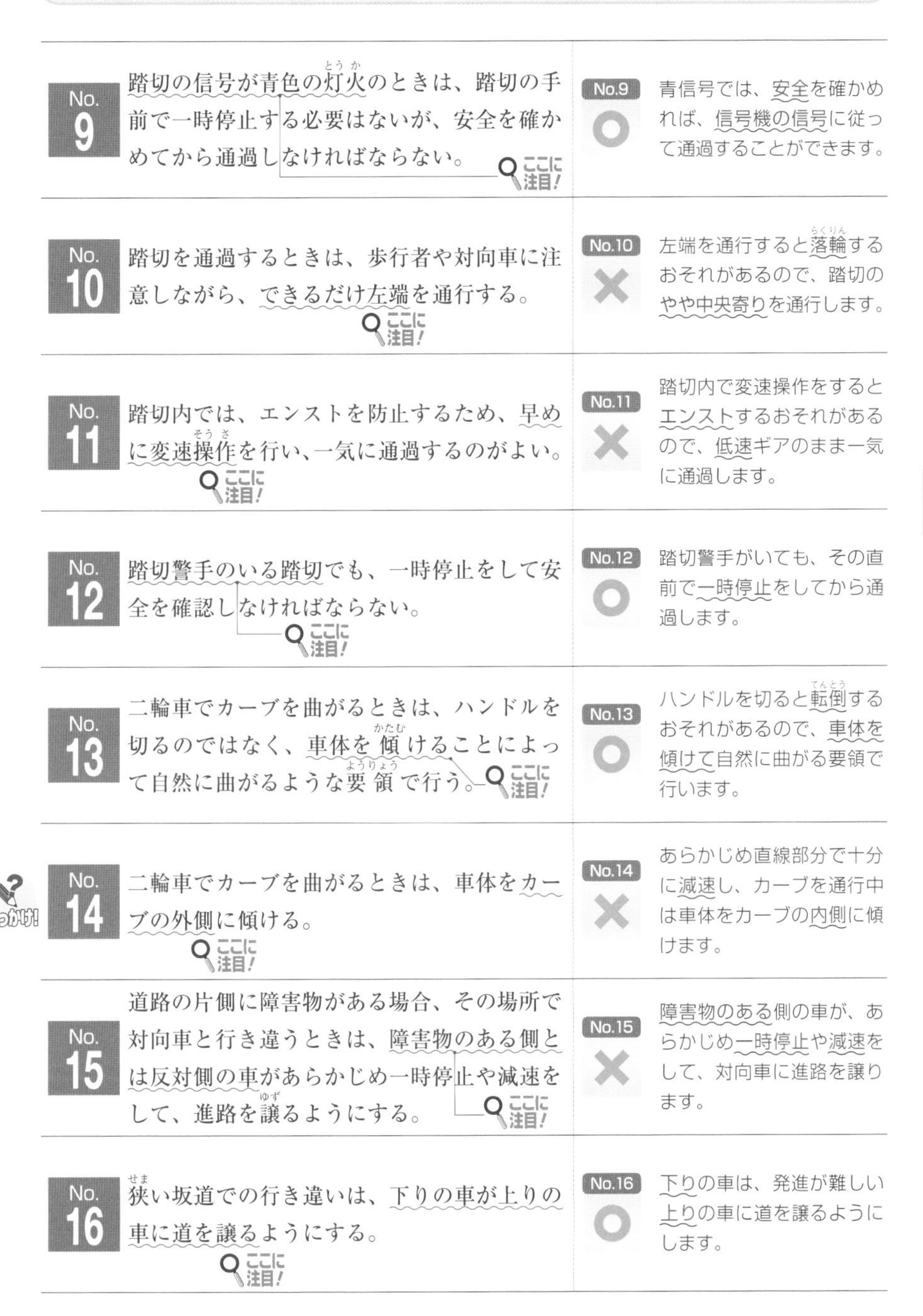

No. 9 踏切の信号が青色の灯火のときは、踏切の手前で一時停止する必要はないが、安全を確かめてから通過しなければならない。（ここに注目！）

No.9 ○ 青信号では、安全を確かめれば、信号機の信号に従って通過することができます。

No. 10 踏切を通過するときは、歩行者や対向車に注意しながら、できるだけ左端を通行する。（ここに注目！）

No.10 × 左端を通行すると落輪するおそれがあるので、踏切のやや中央寄りを通行します。

No. 11 踏切内では、エンストを防止するため、早めに変速操作を行い、一気に通過するのがよい。（ここに注目！）

No.11 × 踏切内で変速操作をするとエンストするおそれがあるので、低速ギアのまま一気に通過します。

No. 12 踏切警手のいる踏切でも、一時停止をして安全を確認しなければならない。（ここに注目！）

No.12 ○ 踏切警手がいても、その直前で一時停止をしてから通過します。

No. 13 二輪車でカーブを曲がるときは、ハンドルを切るのではなく、車体を傾けることによって自然に曲がるような要領で行う。（ここに注目！）

No.13 ○ ハンドルを切ると転倒するおそれがあるので、車体を傾けて自然に曲がる要領で行います。

ひっかけ！

No. 14 二輪車でカーブを曲がるときは、車体をカーブの外側に傾ける。（ここに注目！）

No.14 × あらかじめ直線部分で十分に減速し、カーブを通行中は車体をカーブの内側に傾けます。

No. 15 道路の片側に障害物がある場合、その場所で対向車と行き違うときは、障害物のある側とは反対側の車があらかじめ一時停止や減速をして、進路を譲るようにする。（ここに注目！）

No.15 × 障害物のある側の車が、あらかじめ一時停止や減速をして、対向車に進路を譲ります。

No. 16 狭い坂道での行き違いは、下りの車が上りの車に道を譲るようにする。（ここに注目！）

No.16 ○ 下りの車は、発進が難しい上りの車に道を譲るようにします。

出題ジャンル 7 危険な場所

出題ジャンル 8

駐停車

重要度 ☆☆☆

ポイント＆対策

このジャンルは、言葉の意味、禁止場所、方法をきく問題が大半を占めます。範囲が限られた場所は、その数字を確実に覚えます。

STEP 1 ここを押さえる！ 出題パターン攻略

出題パターン 1 数字が合っているかをきく問題

問 交差点とその端から10メートル以内の場所は、駐車も停車も禁止されている。

ここを見る！ ➡ 項目ごとに暗記した数字をチェック！

正解 ×

駐停車が禁止されているのは、交差点とその端から5メートル以内の場所です。

対策はこれだ！

出題パターン 2 駐車禁止か駐停車禁止かをきく問題

問 道路工事区域の端から5メートル以内の場所では、駐車は禁止されているが停車は禁止されていない。

ここを見る！ ➡ どちらに該当するかをチェック！

正解 ○

道路工事区域の端から5メートル以内は駐車禁止場所なので、駐車は禁止ですが、停車はできます。

対策はこれだ！

出題パターン 3 用語の意味をきく問題

問 歩道と車道の区別のある道路で駐停車するときは、道路の左端に沿って車を止める。

ここを見る！ ➡ 用語の意味を間違えなければOK！

正解 ×

歩道も道路に含まれることをきちんと理解しましょう。道路の左端ではなく、車道の左端に沿って車を止めます。

対策はこれだ！

これだけ覚える！ 交通ルール 暗記項目

暗記項目41 駐車と停車の違い

「駐車」とは	1	客待ち、荷待ちによる停止。
	2	5分を超える荷物の積みおろしのための停止や、故障による停止。
	3	運転者が車から離れていて、すぐに運転できない状態での停止。
「停車」とは	1	人の乗り降りのための停止。
	2	5分以内の荷物の積みおろしのための停止。
	3	運転者がすぐに運転できる状態での停止。

暗記項目42 駐車が禁止されている場所

1	「駐車禁止」の標識や標示（右記）がある場所。
2	火災報知機から1メートル以内の場所。
3	駐車場や車庫などの出入口から3メートル以内の場所。
4	道路工事の区域の端から5メートル以内の場所。
5	消防用機械器具の置場、消防用防火水槽、これらの道路に接する出入口から5メートル以内の場所。
6	消火栓、指定消防水利の標識が設けられている位置や、消防用防火水槽の取入口から5メートル以内の場所。

駐車禁止の標識

駐車禁止の標示

黄

暗記項目43 駐停車が禁止されている場所

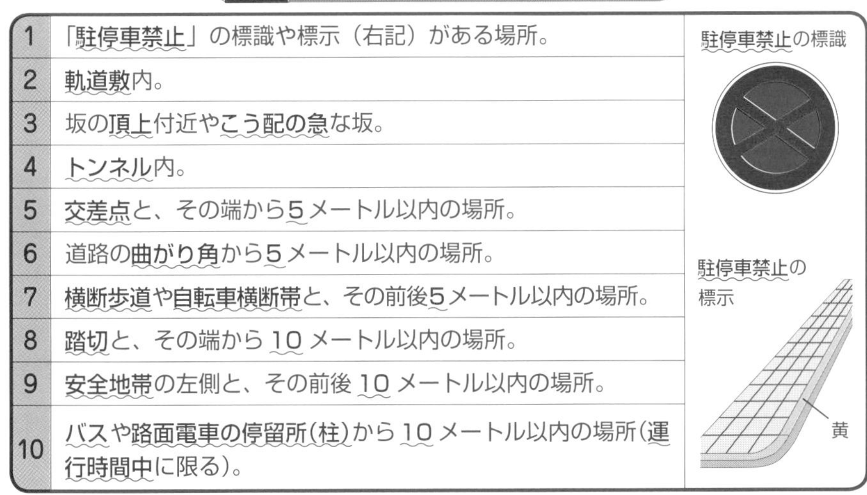

1	「駐停車禁止」の標識や標示（右記）がある場所。
2	軌道敷内。
3	坂の頂上付近やこう配の急な坂。
4	トンネル内。
5	交差点と、その端から5メートル以内の場所。
6	道路の曲がり角から5メートル以内の場所。
7	横断歩道や自転車横断帯と、その前後5メートル以内の場所。
8	踏切と、その端から10メートル以内の場所。
9	安全地帯の左側と、その前後10メートル以内の場所。
10	バスや路面電車の停留所（柱）から10メートル以内の場所（運行時間中に限る）。

暗記項目44 駐車余地の原則と例外

無余地(よち)駐車の禁止	1	車の右側に3.5メートル以上の余地がない場所には駐車してはいけない。	駐車余地６メートル 駐車余地6m
	2	標識で駐車余地が指定されている場合（右記）は、車の右側にそれ以上の余地をあける。	
無余地駐車の例外	1	荷物の積みおろしを行う場合で、運転者がすぐに運転できるときは駐車できる。	
	2	傷病者の救護のためやむを得ないときは駐車できる。	

暗記項目45 駐停車の方法

歩道や路側帯のない道路では

道路の左端に沿う。

歩道のある道路では

車道の左端に沿う。

0.75メートル以下の路側帯のある道路では

車道の左端に沿う。

0.75メートルを超える白線１本の路側帯のある道路では

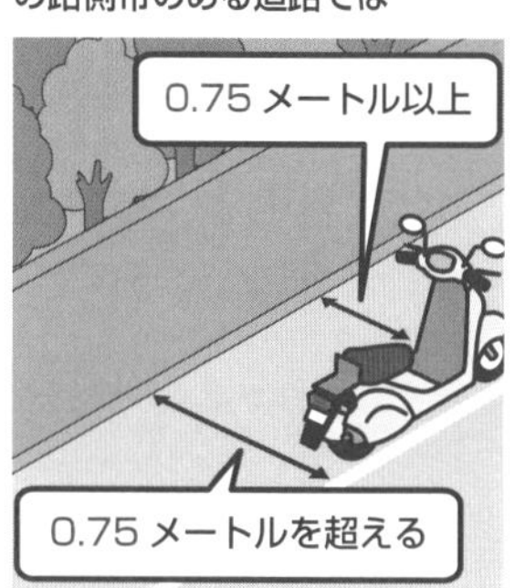

路側帯に入り、0.75メートル以上の余地をあける。

２本の線で示される路側帯のある道路では

左の「駐停車禁止路側帯」、右の「歩行者用路側帯」ともに、路側帯に入らずに車道の左端に沿う。

STEP 3 これで万全！ 出題ジャンル別・練習問題

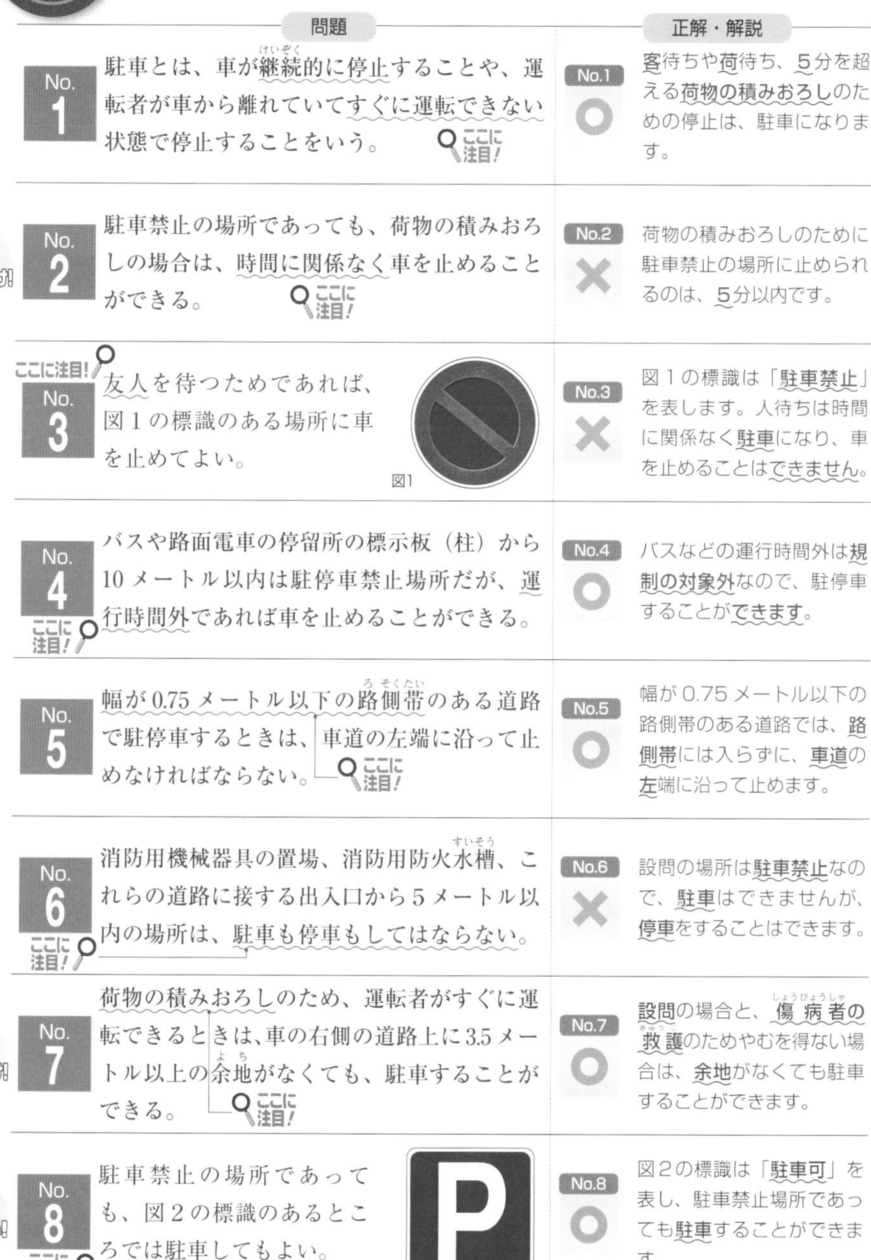

	問題	正解・解説
No.1	駐車とは、車が継続的に停止することや、運転者が車から離れていてすぐに運転できない状態で停止することをいう。 ここに注目！	No.1 ○ 客待ちや荷待ち、5分を超える荷物の積みおろしのための停止は、駐車になります。
ひっかけ！ No.2	駐車禁止の場所であっても、荷物の積みおろしの場合は、時間に関係なく車を止めることができる。 ここに注目！	No.2 × 荷物の積みおろしのために駐車禁止の場所に止められるのは、5分以内です。
ここに注目！ No.3	友人を待つためであれば、図1の標識のある場所に車を止めてよい。 図1	No.3 × 図1の標識は「駐車禁止」を表します。人待ちは時間に関係なく駐車になり、車を止めることはできません。
No.4 ここに注目！	バスや路面電車の停留所の標示板（柱）から10メートル以内は駐停車禁止場所だが、運行時間外であれば車を止めることができる。	No.4 ○ バスなどの運行時間外は規制の対象外なので、駐停車することができます。
No.5	幅が0.75メートル以下の路側帯のある道路で駐停車するときは、車道の左端に沿って止めなければならない。 ここに注目！	No.5 ○ 幅が0.75メートル以下の路側帯のある道路では、路側帯には入らずに、車道の左端に沿って止めます。
No.6 ここに注目！	消防用機械器具の置場、消防用防火水槽、これらの道路に接する出入口から5メートル以内の場所は、駐車も停車もしてはならない。	No.6 × 設問の場所は駐車禁止なので、駐車はできませんが、停車をすることはできます。
ひっかけ！ No.7	荷物の積みおろしのため、運転者がすぐに運転できるときは、車の右側の道路上に3.5メートル以上の余地がなくても、駐車することができる。 ここに注目！	No.7 ○ 設問の場合と、傷病者の救護のためやむを得ない場合は、余地がなくても駐車することができます。
勘違い！ No.8 ここに注目！	駐車禁止の場所であっても、図2の標識のあるところでは駐車してもよい。 図2	No.8 ○ 図2の標識は「駐車可」を表し、駐車禁止場所であっても駐車することができます。

出題ジャンル 9

悪条件

重要度 ★★☆

ポイント＆対策

このジャンルは、常識的な内容と手順をきく問題が多く出されます。項目ごとに順を追って覚えておき、問題文をよく読んで解答します。

STEP 1 ここを押さえる！ 出題パターン攻略

出題パターン 1 常識的な内容をきく問題

問 夜間、見通しの悪い交差点やカーブなどの手前では、前照灯（ぜんしょうとう）を上向きにしたり点滅させたりして、他の車や歩行者に自車の接近を知らせるようにする。

ここを見る！ “安全第一”で考えればOK！

正解 ○

前照灯を上向きにしたり点滅させたりして、他の車や歩行者に自車の接近を知らせます。

対策はこれだ！ 暗記項目46 暗記項目47

出題パターン 2 手順をきく問題

問 交通事故が起きた場合、警察官が到着するまで、事故現場はそのままにしておかなければならない。

ここを見る！ 順を追って考えればＯＫ！

正解 ×

車を移動して続発事故の防止に努めたり、負傷者がいる場合はできる限りの応急救護処置をしたりします。

対策はこれだ！ 暗記項目48 暗記項目49

出題パターン 3 状況に応じた操作をきく問題

問 後輪が横滑（すべ）りを始めたときは、ブレーキをかけないで、後輪の滑る方向にハンドルを切って車の向きを立て直す。

ここを見る！ 状況を考えれば大丈夫！

正解 ○

後輪が滑った方向にハンドルを切って、車の向きを立て直します。たとえば、後輪が右に滑ると車体は左を向くので、ハンドルを右に切ります。

対策はこれだ！ 暗記項目46 暗記項目47 暗記項目48

STEP 2 これだけ覚える！ 交通ルール 暗記項目

暗記項目46 夜間の運転と灯火のルール

灯火（前照灯や尾灯など）をつけるとき	1	夜間（日没から日の出まで）、道路を通行するとき。
	2	昼間でも50メートル先が見えない状況のとき。
灯火のルールと注意点	1	前照灯は上向きが基本だが、交通量の多い市街地などでは、前照灯を下向きに切り替えて走行する。
	2	対向車とすれ違うときや前車の直後を走行するときは、前照灯を減光するか下向きに切り替える。
	3	見通しの悪い交差点では、前照灯を上向きにするか点滅させて自車の接近を知らせる。
	4	対向車のライトを直視しない。ライトがまぶしいときは、視線をやや左前方に移す。
	5	対向車と自車のライトの間に歩行者が入ると、一時的に見えなくなる「蒸発現象」が起こることがあるので注意する。

暗記項目47 悪天候時の運転

速度	路面が滑りやすく危険なので、速度を落とし、慎重に運転する。
雪の日の運転	できるだけ運転しない。やむを得ず運転するときは、積雪の上の走行を避け、タイヤの通った跡（わだち）を走行する。
風の強い日の運転	速度を落とし、ハンドルをしっかり握って走行する。とくに、トンネルの出口付近や橋の上では注意する。
霧が発生したときの運転	山道などではとくに視界が悪くなるので、速度を落とし、センターラインやガードレールを目安にして走行する。前照灯を下向きにつけ、必要に応じて警音器を使用する。

暗記項目48 緊急事態の対処法

エンジンの回転数が上がったままになったとき

①点火スイッチを切り、エンジンの回転を止める。
②ブレーキをかけて速度を落とす。
③道路の左側に寄って停止する。

走行中、タイヤがパンクしたとき

①あわてずにハンドルをしっかり握り、車体をまっすぐに保つ。
②アクセルを戻し、ブレーキを断続的にかけて速度を落とす。
③道路の左側に寄って停止する。

下り坂でブレーキが効かなくなったとき

①すばやくブレーキレバーを握る。
②減速しないときは、すばやくギアチェンジ（シフトダウン）してエンジンブレーキを効かせる。それでも減速しないときは、山側に車体の側面を接触させるか、道路わきの土砂などに突っ込んで止める。

後輪が横滑りを始めたとき

①アクセルを戻して速度を落とす。
②後輪が滑った方向にハンドルを切って、車の向きを立て直す。

大地震が発生したとき

①急ハンドルや急ブレーキを避け、安全な方法で車を停止させる。
②ラジオなどで地震情報や交通情報を聞き、周囲の状況に応じて行動する。
③やむを得ず道路上に車を置いて避難するときは、エンジンを止め、かぎはつけたままにするかわかりやすい場所に置く。

暗記項目49 交通事故が起きたときの手順

①事故の続発防止措置

二重事故が起きないように、安全な場所に車を移動する。

②負傷者の救護

負傷者がいる場合は救急車を呼び、可能な応急救護処置を行う（頭部を負傷している場合は、むやみに動かさない）。

③警察官への事故報告

発生場所、負傷者の有無、損壊の程度などを警察官に報告する。

これで万全！ 出題ジャンル別・練習問題

問題	正解・解説
ひっかけ! No.1 夜間は道路の交通量が少ないので、昼間より速度を上げて運転するのがよい。 ここに注目!	No.1 × 夜間は周囲が暗いので、交通量が少なくても、昼間より速度を落として走行します。
No.2 夜間、対向車と行き違うときは、双方(そうほう)のライトで道路の中央付近の歩行者が見えにくくなることがある。 ここに注目!	No.2 ○ 夜間は、双方のライトで道路の中央付近の歩行者が見えにくくなる「蒸発(じょうはつ)現象」が起こることがあります。
No.3 霧は視界をきわめて狭(せま)くするので、昼間でも前照灯(ぜんしょうとう)や霧灯(むとう)などを早めに点灯し、必要に応じて警音器(けいおんき)を鳴らすとよい。 ここに注目!	No.3 ○ 霧が発生したら、ライトを早めに点灯し、必要に応じて警音器を使用します。
No.4 ぬかるみを走行するときは、その手前で速度を上げて、一気に通り抜けるようにする。 ここに注目!	No.4 × ぬかるみの手前で速度を落とし、一定の速度を保って通過します。
ひっかけ! No.5 走行中にタイヤがパンクしたときは、急ブレーキをかけてでも、一刻も早く車を止めることを考える。 ここに注目!	No.5 × アクセルを戻し、ブレーキは断続的にかけて速度を落とし、道路の左側に寄って停止します。
勘違い! No.6 大地震が発生して避難(ひなん)するときは、できるだけ車を利用して、遠くの安全な場所に移動する。 ここに注目!	No.6 × 避難のために車を使用すると混乱(こんらん)するので、原則として車で避難してはいけません。
No.7 負傷者の救護(きゅうご)の心得として、出血が多いときは止血(しけつ)をし、頭部に傷を受けているときは、むやみに動かさないことが大切である。 ここに注目!	No.7 ○ 止血など、できる範囲の応急救護処置(しょち)を行い、頭部を負傷している人はむやみに動かさないようにします。
勘違い! No.8 交通事故を起こしても、相手のけがが軽く話し合いがつけば、警察官に届ける必要はない。 ここに注目!	No.8 × 交通事故を起こしたら、けがの程度や相手との話し合いに関係なく、警察官へ届け出る必要があります。

出題ジャンル 10

危険予測（イラスト問題）

重要度 ★★☆

ポイント＆対策

イラストを見て、危険を回避するための運転をしているか、安全な方法で運転しているかを考えます。イラストと問題をよく見ることが大切です。

STEP 1 ここを押さえる！ 出題パターン攻略

問	下のイラストを見て、どんな危険があるか予測してみましょう（答えは右ページ）。

イラスト問題の解き方

①認知	②判断	③操作
イラストをよく見て、どんな危険が潜(ひそ)んでいるかを考えてみる。	危険と思われる状況を予測して、どう行動すれば安全かを判断する。	ブレーキやハンドルなどを操作(そうさ)して、より安全な運転行動をとる。
！ / 原付	停止 / う〜ん	対向車なし / よし！

こんな危険が潜んでいる

予測1

バスが急に発進するかもしれない。

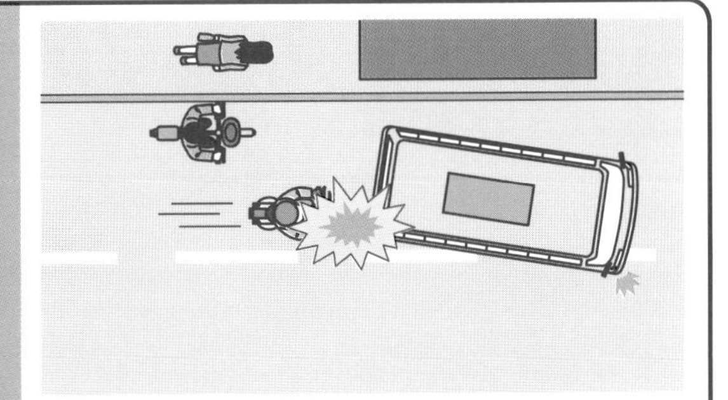

予測2

対向車が接近してくるかもしれない。

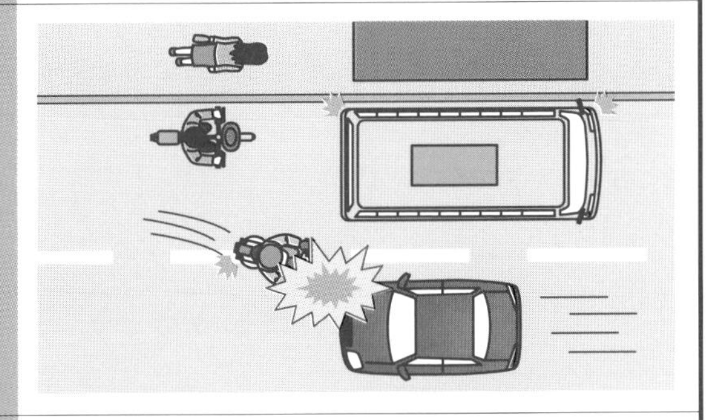

予測3

自転車が進路の前方に出てくるかもしれない。

予測4

急ブレーキをかけると後続車に追突(ついとつ)されるかもしれない。

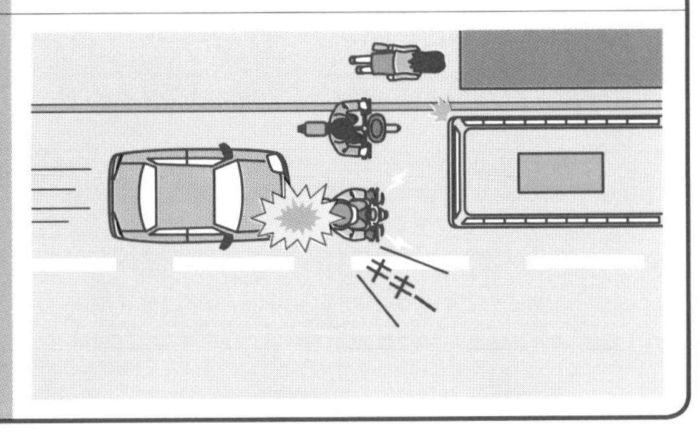

STEP 2 これで万全！ 出題ジャンル別・練習問題

No. 1 交差点を右折しようとしたら、バスが止まってくれました。どのようなことに注意して運転しますか？

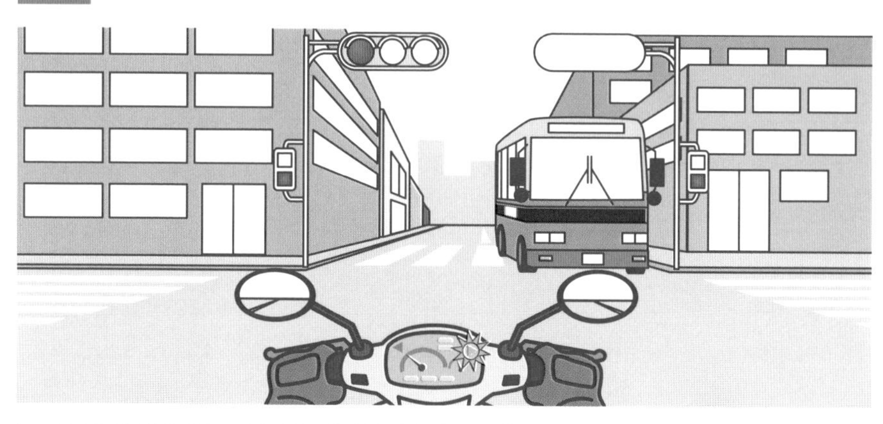

問題	解答
(1) バスがせっかく進路を譲（ゆず）ってくれたので、ただちに右折する。 □□ ここに注目！	(1)解答 × バスが進路を譲ってくれたとしても、安全を確かめなければなりません。
(2) ここに注目！ バスのかげから二輪車や自転車が直進してくるかもしれないので、十分に安全を確かめる。 □□	(2)解答 ○ 二輪車や自転車が直進してくるおそれがあるので、十分に安全を確認します。
(3) 歩行者が横断歩道を渡るかもしれないので、十分に安全を確かめる。 □□ ここに注目！	(3)解答 ○ 歩行者が横断歩道を渡るおそれがあるので、十分に安全を確認します。

こんな危険に注意！

（2）バスのかげから二輪車が直進！

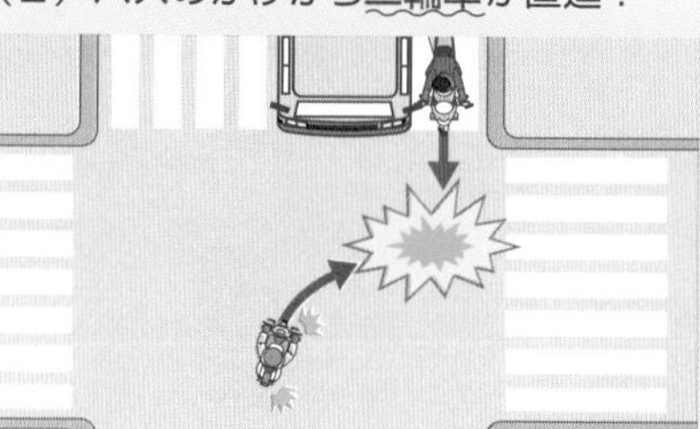

（3）横断歩道の歩行者と接触！

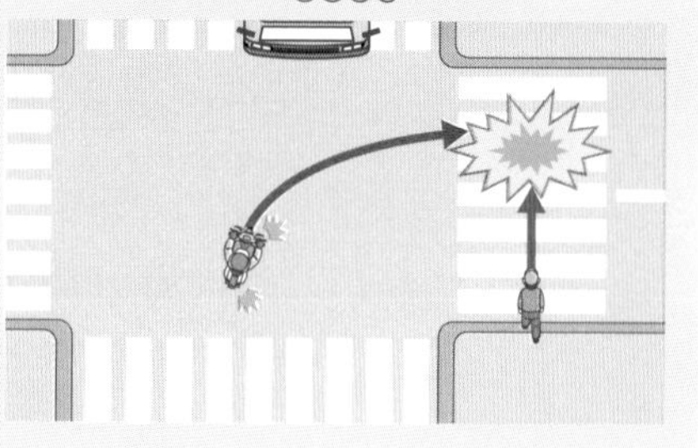

ここに注目！を要チェック！ 問題文の正誤を判断できるのがこの波線部だ。問題文を読んだらすぐにここに目がいくようトレーニングしていこう。

No. 2 交差点を左折するときは、どのようなことに注意して運転しますか？

	問題	解答
(1) □□	横断歩道を渡ろうとする歩行者は自車の存在に気づいていると思われるので、横断する前にすばやく左折する。 ここに注目！	(1)解答 × 歩行者は自車の存在に気づかずに、横断歩道を渡るおそれがあります。
(2) □□	歩行者は横断歩道を横断すると思われるので、急ブレーキをかけて横断歩道の手前で停止する。 ここに注目！	(2)解答 × 急ブレーキをかけると、後続車に追突（ついとつ）されるおそれがあります。
(3) □□	左折するとき、左側の自転車を巻き込むおそれがあるので、巻き込まないようにあらかじめ道路の左側に寄る。 ここに注目！	(3)解答 ○ 自転車を巻き込まないようにするため、あらかじめ道路の左側に寄ります。

こんな危険に注意！

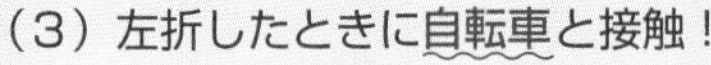

（2）急停止して後続車が追突！　（3）左折したときに自転車と接触！

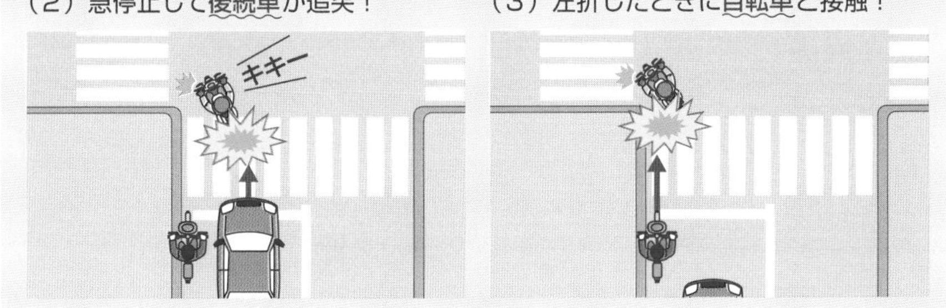

数字の暗記項目

重要度 ★★☆

ポイント＆対策

数字に関する交通ルールは、数多くあります。正しく覚えていないと正解することができないので、数字ごとにまとめて覚えましょう。

STEP 1 これだけ覚える！ 数字のルール暗記項目

数字	ルール	内容
0.15	左右0.15メートル以下	大型・普通自動二輪車、原動機付自転車の荷台から左右にはみ出して積載できる荷物の幅の制限。
0.3	0.3メートル以下	大型・普通自動二輪車、原動機付自転車の荷台から後ろにはみ出して積載できる荷物の長さの制限。
0.5	路端から0.5メートル	路肩部分。
0.75	0.75メートル以上の余地	白線1本の幅が広い路側帯で、車の左側にとらなければならない余地。
1	火災報知機から1メートル以内	駐車禁止場所。
	1人	原動機付自転車の乗車定員。
1.5	1.5メートル以上の間隔	安全地帯のない停留所に路面電車が停止していて、乗降客がいないときに、徐行して進行できる場合の路面電車との間隔。
2	地上から2メートル以下	大型・普通自動二輪車、小型特殊自動車、原動機付自転車に積載できる荷物の高さの制限。
3	3秒前	進路を変えようとするときの合図の時期。
	駐車場、車庫などの自動車用の出入口から3メートル以内	駐車禁止場所。

3.5	3.5メートル以上の余地	車を駐車したとき、道路の右側部分に必要な余地（余地がとれない場合は、原則として駐車禁止）。
5	交差点、横断歩道や自転車横断帯とその端、道路の曲がり角から5メートル以内	駐停車禁止場所。
	道路工事の区域の端、消防用機械器具の置場など、消火栓などから5メートル以内	駐車禁止場所。
6	片側6メートル以上の道路	道路の右側部分にはみ出す追い越しが禁止。
8	8時間以上	夜間、同じ場所に引き続き車を止めてはいけない時間（特定の村の区域内を除く）。
10	踏切、安全地帯の左側とその前後、バス・路面電車の停留所の標示板（柱）から10メートル以内	駐停車禁止場所。
12	12時間以上	昼間、同じ場所に引き続き車を止めてはいけない時間（特定の村の区域内を除く）。
25	時速25キロメートル	原動機付自転車でリヤカーなどをけん引するときの法定速度。
30	時速30キロメートル	原動機付自転車の法定速度。
	交差点（優先道路を除く）、踏切、横断歩道や自転車横断帯とその手前から30メートル以内	追い越し禁止場所。
	30メートル手前の地点	右折、左折、転回するときの合図の地点。
	30キログラム以下	原動機付自転車に積載できる重量。
50	50メートル先が見えないとき	昼間でもライトをつけて運転する場合（トンネル内や霧の中など）。
60	時速60キロメートル	一般道路での自動車の法定速度。
70	70歳以上の高齢運転者	普通自動車を運転するときに高齢者マークをつける年齢。
700	700キログラム以下	小型特殊自動車に積載できる重量。

これで万全！ 出題ジャンル別・練習問題

問題	正解・解説
No.1 原動機付自転車で他の車をけん引するときの法定速度は、時速25キロメートルである。 ここに注目！	**No.1** ○ 原動機付自転車でリヤカーなどをけん引するときの法定速度は、時速25キロメートルです。
 **No.2** 右折や左折をするときは、右折や左折をしようとする約3秒前に合図をしなければならない。 ここに注目！	**No.2** × 右折や左折をしようとする30メートル手前の地点で合図を行います。
 **No.3** 駐車場や車庫など自動車用の出入口から5メートル以内の場所では、駐車が禁止されている。 ここに注目！	**No.3** × 駐車が禁止されているのは、自動車用の出入口から3メートル以内の場所です。
No.4 白線1本の、幅が0.75メートルを超える路側帯のある場所に駐停車するときは、路側帯の中に入り、車の左側に0.75メートル以上の余地をあけなければならない。 ここに注目！	**No.4** ○ 設問のような路側帯では、路側帯の中に入り、0.75メートル以上の余地をとって駐停車します。
No.5 原動機付自転車の荷台に荷物を積むときは、荷台の幅から左右にそれぞれ0.3メートルまで、はみ出すことができる。 ここに注目！	**No.5** × 原動機付自転車は、荷台の幅＋左右にそれぞれ0.15メートルまでしか、荷物を積むことができません。
No.6 路面電車が停留所に停止しているとき、安全地帯がなく乗り降りする人がいない場合は、路面電車との間に1.5メートル以上の間隔がとれれば、徐行して進むことができる。 ここに注目！	**No.6** ○ 乗り降りする人がなく、路面電車と1.5メートル以上の間隔がとれるときは、徐行して進めます。
 **No.7** 原動機付自転車の荷台には、60キログラムまで荷物を積むことができる。 ここに注目！	**No.7** × 原動機付自転車の荷台に積める荷物の重量は、30キログラムまでです。
 **No.8** 火災報知機から3メートル以内の場所は、駐車が禁止されている。 ここに注目！	**No.8** × 駐車が禁止されているのは、火災報知機から1メートル以内の場所です。

PART 2

原付免許
本試験模擬テスト

間違えたらPART1に戻って再チェック！

解説にはPART1のSTEP2「交通ルール暗記項目」の参照ページを掲載しているので、間違えた部分はPART1に戻って復習しよう！

間違えた問題はPART1のSTEP3「出題ジャンル別・練習問題」を解けば、効果的に苦手ジャンルを攻略できる！

問１～48を読み、正しいものは「○」、誤っているものは「×」と答えなさい。配点は問１～46が各１点、問47・48が各２点（３問とも正解の場合）。

制限時間

30分

合格点
45点以上

問1 □□
重い荷物を積んでいる場合は、制動距離が長くなる。

問2 □□
左右の見通しのきかない交差点では、警音器を鳴らし続けて通過するのがよい。

問3 □□
図１の信号に対面する車は、ほかの交通に注意して徐行すれば、交差点に進入することができる。

図1
黄

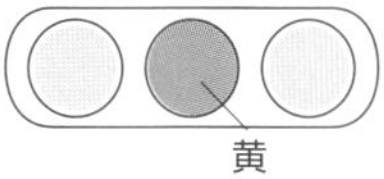

問4 □□
下り坂では加速がつき、停止距離が長くなるので、車間距離を長くとる。

問5 □□
原付免許があれば、原動機付自転車、ミニカー、小型特殊自動車を運転することができる。

問6 □□
原動機付自転車の法定速度は時速30キロメートルと定められているが、交通量もなく幅の広い道路では、時速40キロメートルで運転することができる。

問7 □□
マフラーは、エンジンの排気ガスの量を少なくする装置である。

問8 □□
青色の灯火信号に対面したときは、後続車のことも考えて、前方の交通が渋滞していても交差点内に進入すべきである。

問9 □□
図２の標示は、路側帯の中に入って駐車や停車をすることができないことを示している。

図2
1m
路側帯
車道

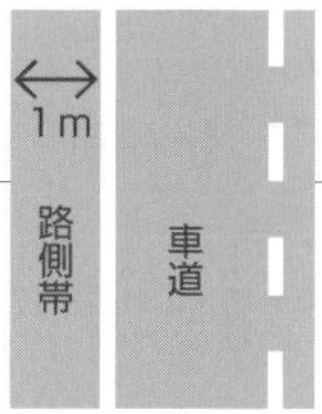

問10 □□
二輪車でブレーキをかけるときは、前輪ブレーキと後輪ブレーキを同時にかけるのがよい。

を右ページに当て、解いていこう。重要語句もチェック！

正解 / **ポイント解説**

問1 ○
重い荷物を積んだ場合は、制動距離が長くなります。また、制動距離は、速度の二乗に比例して長くなります。
P.21 暗記項目15

問2 ×
警音器は鳴らさずに、徐行(じょこう)や一時停止をして、安全を確認しながら通過します。
P.25 暗記項目20

問3 ×
黄色の灯火(とうか)信号は、原則として停止位置から先へ進んではいけません。
P.17 暗記項目12

問4 ○
坂道では加速がつき、停止距離が長くなるので、車間距離を長くとります。
P.41 暗記項目38

問5 ×
原付免許では、原動機付自転車しか運転することができません。
P.10

問6 ×
交通量が少なくても、法定速度の時速30キロメートルを守らなければなりません。
P.21 暗記項目14

問7 ×
マフラーはガスの量を少なくする装置ではなく、消音(しょうおん)するための装置です。
ここで覚える！

問8 ×
前方が渋滞していて交差点内に止まってしまうおそれがあるときは、進入してはいけません。

ここで覚える！

問9 ×
0.75メートルを超える白線1本の路側帯では、中に入って駐停車できます。
P.46

問10 ○
二輪車でブレーキをかけるときは、前後輪ブレーキを同時に使用するのが基本です。
P.21

重要交通ルール解説

路側帯のある道路での駐停車

❶幅が0.75メートル以下の白線1本の路側帯

中に入らずに、車道の左端に沿う。

❷幅が0.75メートルを超える白線1本の路側帯

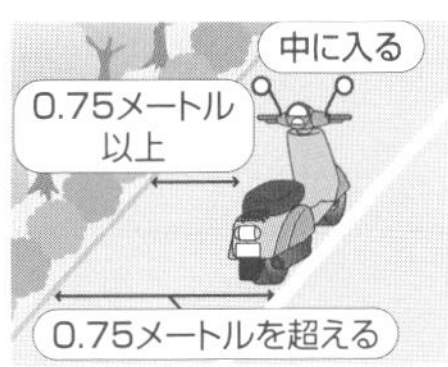

中に入り、左側に0.75メートル以上の余地をあけて止める。

❸破線と実線の路側帯

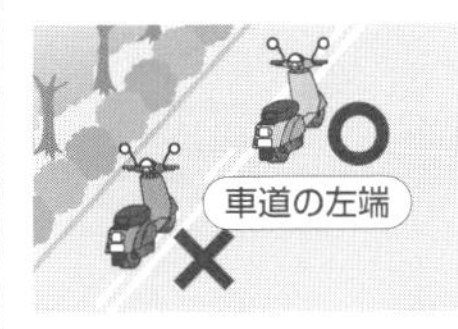

「駐停車禁止路側帯」を表し、中に入らずに、車道の左端に沿う。

❹実線2本の路側帯

「歩行者用路側帯」を表し、中に入らずに、車道の左端に沿う。

問11 □□
夜間、市街地などの道路を通行するときは、50メートル前が確認できるような道路照明があれば、灯火(とうか)をつけなくてもよい。

問12 □□
原動機付自転車でカーブを通過するときは、ハンドルを切るのではなく、車体をカーブする側に傾(かたむ)ける要領で通過する。

問13 □□
警音器(けいおんき)は、「警笛(けいてき)鳴らせ」の標識がないところでは、絶対に鳴らしてはいけない。

問14 □□
交差点内を通行中、後方から緊急(きんきゅう)自動車が接近してきたので、ただちにその場で停止した。

問15 □□
図3の標識は、前方に優先道路があることを表している。

図3

問16 □□
同一方向に2つの車両通行帯があるときは、普通自動車は右側の、原動機付自転車は左側の車両通行帯を通行する。

問17 □□
エンジンブレーキは、高速ギアよりも低速ギアのほうが、制動(せいどう)効果が大きい。

問18 □□
二輪車のチェーンは、指で押してみたときに、少しでも緩(ゆる)みがあってはならない。

問19 □□
原動機付自転車には、60キログラムの荷物を積むことができる。

問20 □□
図4のような運転者の手による合図は、徐行(じょこう)か停止をすることを表している。

図4

問21 □□
交差点の手前から30メートル以内の場所で、前を通行する原動機付自転車の速度が遅かったので、追い越しをした。

問11 ×

たとえ道路照明があっても、夜間は灯火をつけて通行しなければなりません。

P.49 暗記項目 46

問12 ○

二輪車でカーブを曲がるときは、カーブする側に車体を傾けてバランスをとります。

P.41 暗記項目 39

問13 ×

標識がなくても、危険を避けるためにやむを得ない場合は、警音器を鳴らすことができます。

P.25 暗記項目 20

問14 ×

交差点内ではなく、交差点を出て道路の左側に寄り、一時停止しなければなりません。

P.31 暗記項目 27

問15 ×

前方ではなく、標識のある側の道路が優先道路であることを表しています。

問16 ×

普通自動車も原動機付自転車も、原則として左側の通行帯を通行しなければなりません。

P.25

問17 ○

エンジンブレーキは、高速ギアよりも低速ギアのほうがよく効きます。

問18 ×

二輪車のチェーンを点検するときは、指で押してみて、適度な緩み（15～20ミリ程度）があるか確認します。

P.11

問19 ×

原動機付自転車には30キログラムまでしか荷物を積むことができません。

P.10

問20 ×

図4は、右折か転回、または右に進路変更するときの合図です。

P.26

問21 ×

交差点の手前30メートル以内は、追い越し禁止場所です。前車が遅くても、追い越しをしてはいけません。

P.36

重要交通ルール解説

緊急自動車の優先

❶交差点やその付近では

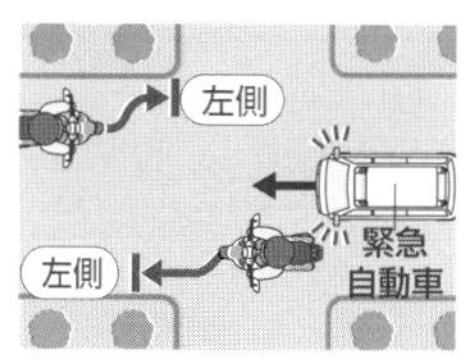

交差点を避けて道路の左側に寄り、一時停止して進路を譲る。

※一方通行の道路の場合

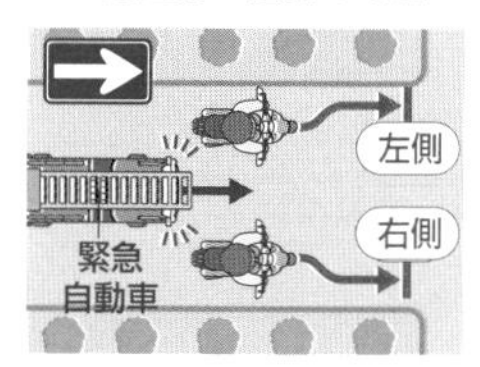

左側に寄るとかえって緊急自動車の妨げになる場合は、交差点を避けて道路の右側に寄り、一時停止して進路を譲る。

❷交差点付近以外では

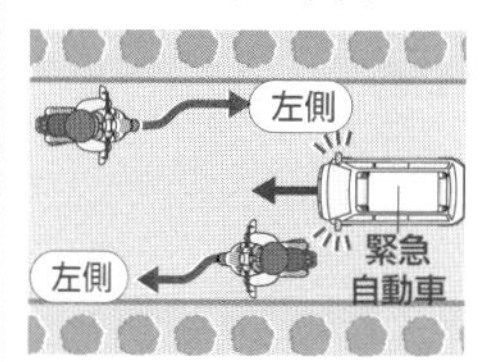

道路の左側に寄って進路を譲る。

※一方通行の道路の場合

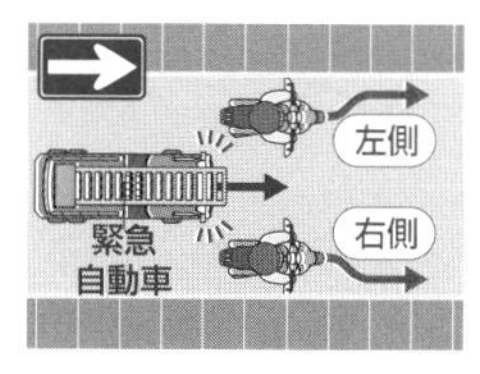

左側に寄るとかえって緊急自動車の妨げになる場合は、道路の右側に寄って進路を譲る。

問22
□□
原動機付自転車のエンジンをかけたまま押して歩く場合は、歩道を通行することができる。

問23
□□
原付免許を受けていても、免許証を携帯していなければ、原動機付自転車を運転してはいけない。

問24
□□
原動機付自転車で歩道などを横切るときは、徐行して歩行者の通行を妨げないように注意しながら通行する。

問25
□□
運転中に携帯電話を使用すると、周囲の交通に対する注意が不十分になるので、たいへん危険である。

問26
□□
ハンドルやブレーキが故障している車を運転するときは、十分に注意しながら徐行しなければならない。

問27
□□
図５の標識のある道路は、原動機付自転車も通行することができる。

図５

問28
□□
ブレーキペダルには、少しでもあそびがあると危険である。

問29
□□
原動機付自転車は、自動車損害賠償責任保険か自動車損害賠償責任共済に加入しなければならない。

問30
□□
前方を走行している原動機付自転車の運転者が、左腕を横に水平に伸ばしている場合は、徐行を意味している。

問31
□□
右折と転回の合図は、右折や転回をしようとする地点から30メートル手前に達したときに行う。

問32
□□
交通整理の行われていない交差点で、交差する道路のほうが道幅は広かったが、こちらが左方車だったので先に通行した。

問22 ×
エンジンを切らないと歩行者として扱（あつか）われないので、歩道を通行することはできません。

問23 ○
運転するときは、運転する車の種類に応じた免許証を携帯しなければなりません。

問24 ×
歩行者の有無（うむ）にかかわらず、歩道の手前で必ず一時停止してから、横切らなければなりません。

問25 ○
運転中の携帯電話の使用は、禁止されています。運転する前に、電源を切るなどしておきましょう。

問26 ×
故障車を運転するのは、たいへん危険です。どんなに注意して徐行しても、運転してはいけません。

問27 ×
図5の標識は「自転車専用」を表し、普通自転車以外の車と歩行者は通行できません。

問28 ×
ブレーキペダルには、適度なあそび（15～20ミリメートル）が必要です。

問29 ○
自賠責保険または責任共済に加入せずに、原動機付自転車を運転してはいけません。

問30 ×
左腕を水平に伸ばす合図は、左折か左へ進路変更することを意味しています。

問31 ○
右折と転回は、右折や転回をしようとする30メートル手前の地点で合図します。

問32 ×
交通整理の行われていない交差点では、道幅が広い道路を通行する車の進行を妨げてはいけません。

重要交通ルール解説

信号のない道路の交差点での優先関係

❶交差道路が優先道路の場合

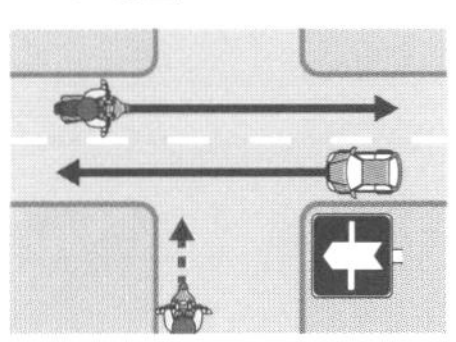

徐行をして、優先道路を通行する車の進行を妨げてはいけない。

❷交差道路の幅が広い場合

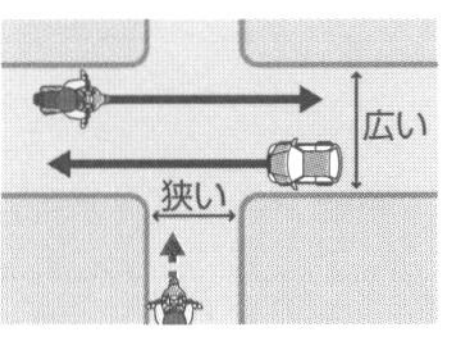

徐行をして、幅が広い道路を通行する車の進行を妨げてはいけない。

❸幅が同じような道路の場合

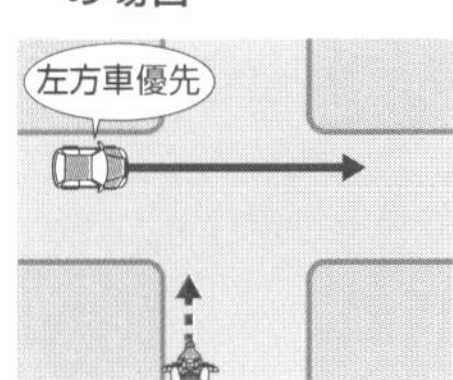

左方から来る車の進行を妨げてはいけない。

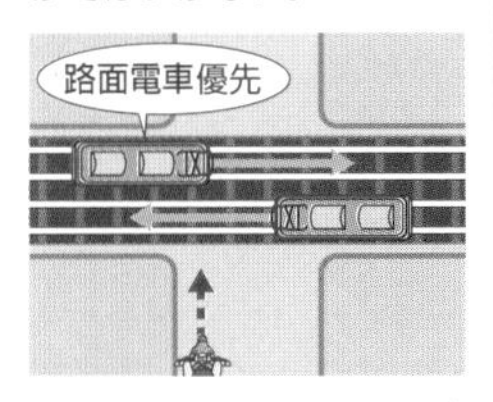

左右どちらから来ても、路面電車の進行を妨げてはいけない。

問33
□□
道幅が同じような道路の交差点で、路面電車が進行してきたとき、車は路面電車の進行を妨(さまた)げてはならない。

問34
□□
図6の標識は、この先で交通規制が行われていることを予告している。

図6
黄

問35
□□
二輪車でブレーキをかけるときは、ハンドルを切らない状態で、エンジンブレーキを効(き)かせながら、前後輪ブレーキを同時にかけるのがよい。

問36
□□
踏切の手前で一時停止をして左右の安全を確かめれば、踏切の向こう側の交通の状況に関係なく、踏切の中に入ることができる。

問37
□□
霧が濃いところでは、自車が対向車からよく見えるように、右の方向指示器を操作(そうさ)する。

問38
□□
車の速度の影響は、制動(せいどう)距離にだけ現れる。

問39
□□
図7の標識のある道路は、原動機付自転車であれば通行してもよい。

図7

問40
□□
前方の信号機が青色の灯火(とうか)信号を示しているとき、左折した原動機付自転車は、左方向の信号が赤色であっても、そのまま進むことができる。

問41
□□
日常点検で方向指示器が正常につかないことがわかったが、手による合図を行うことができるので、そのまま運転した。

問42
□□
信号機の信号が黄色の点滅を示しているときは、車は徐行(じょこう)して安全を確かめなければならない。

問43
□□
左右が黄色の線で区画されている車両通行帯を通行しているときは、たとえ右左折のためであっても、黄色の線を越えて進路を変えてはならない。

問33 ○

道幅が同じような交差点では、左方・右方に関係なく、路面電車が優先になります。

P.40 暗記項目 36

問34 ×

図6は、交通規制の予告ではなく、「その他の危険」を表す警戒標識です。

問35 ○

二輪車は、ハンドルを切らずに車体を垂直に保ったまま、前後輪ブレーキを同時にかけるようにします。

P.21 暗記項目 16

問36 ×

踏切の向こう側に自車の入る余地（よち）がない場合は、踏切内に入ってはいけません。

P.40 暗記項目 37

問37 ×

右折や右への進路変更などをしない場合は、右の方向指示器を操作してはいけません。

問38 ×

車の速度の影響は、制動距離だけでなく遠心力（えんしんりょく）や衝撃力（しょうげきりょく）にも現れ、速度の二乗に比例して大きくなります。

P.10 暗記項目 6

問39 ○

図7は「二輪の自動車以外の自動車通行止め」を表し、自動二輪車と原動機付自転車は通行できます。

P.16 暗記項目 11

問40 ○

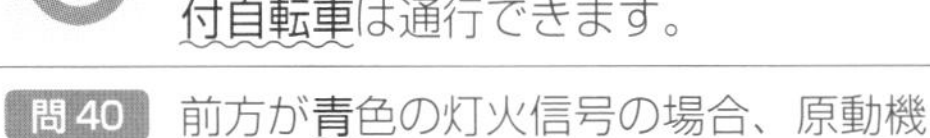
前方が青色の灯火信号の場合、原動機付自転車はそのまま左折や直進をすることができます。

P.17 暗記項目 12

問41 ×

方向指示器やライトがつかない車は整備不良車なので、運転してはいけません。

問42 ×

必ずしも徐行する必要はなく、他の交通に注意して進行することができます。

P.17 暗記項目 12

問43 ○

黄色の線の車両通行帯では、右左折のためであっても、黄色の線を越えて進路変更をしてはいけません。

P.26 暗記項目 22

二輪車のブレーキのかけ方

❶かけ方の基本

道路の直線部分で車体を垂直に保ち、ハンドルを切らない状態でブレーキをかける。

ブレーキは、前後輪ブレーキを同時に操作する。

❷減速するとき

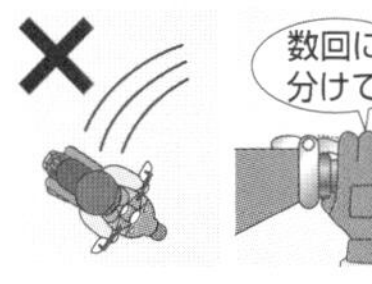

ブレーキを数回に分けて使用する。スリップ防止とともに、制動灯が点滅することにより、後続車の追突防止にもなる。

❸下り坂でのかけ方

前後輪ブレーキは補助的に使い、エンジンブレーキを十分活用する。

問44 標識や標示により横断や転回が禁止されている道路では、同時に後退も禁止されている。

□ □

問45 図8の標識は、一方通行の始まりを表している。

□ □

図8

問46 二輪車の正しい乗車姿勢(しせい)は、手首を下げて、ハンドルを前に押すようなつもりでグリップを軽く握る。

□ □

問47 時速30キロメートルで進行しています。左側に駐車車両のある、見通しの悪いカーブにさしかかりました。どのようなことに注意して運転しますか？

□ □ (1)駐車車両でカーブの先が見えないので、対向車に注意しながら中央線を少しはみ出し、減速して進行する。

□ □ (2)自転車が急に横断するかもしれないので、警音器(けいおんき)で注意を促(うなが)し、加速して通過する。

□ □ (3)駐車車両のかげから、歩行者が飛び出してくるかもしれないので、中央線を大きくはみ出して進行する。

問48 時速20キロメートルで進行しています。歩行者用信号が青の点滅を示している交差点を左折するときは、どのようなことに注意して運転しますか？

□ □ (1)後続車は、信号が変わる前に左折するために自車との車間距離をつめてくるかもしれないので、すばやく左折する。

□ □ (2)歩行者や自転車が無理に横断するかもしれないので、その前に左折する。

□ □ (3)横断歩道の手前で急に止まると、後続車に追突(ついとつ)されるおそれがあるので、ブレーキを数回に分けてかけながら減速する。

問44 ×

横断や転回が禁止されていたとしても、後退も禁止されているとは限りません。

問45 ×

図8は「左折可」を表す標示板で、信号にかかわらず左折できます。

P.17

問46 ○

二輪車を運転するときは、グリップを軽く握り、肩の力を抜き、ひじはわずかに曲げます。

P.11

問47

対向車の有無と自転車の行動に注目！

駐車車両を安易に避けてはいけません。センターラインを越えると、対向車と正面衝突するおそれがあります。

(1)  ○ 対向車に十分注意しながら、減速して進行します。

(2)  × 警音器は鳴らさず、速度を落として進行します。

(3) × 対向車が接近してきて、自車と衝突するおそれがあります。

問48 

歩行者や自転車の行動と後続車の有無に注目！

歩行者用信号が点滅すると、歩行者や自転車は急いで渡るおそれがあります。バックミラーに映る後続車にも注意が必要です。

(1)  × 歩行者や自転車に接触するおそれがあります。

(2)  × 歩行者や自転車の進行を妨げてはいけません。

(3)  ○ 後続車に注意しながら、減速します。

問1～48を読み、正しいものは「○」、誤っているものは「×」と答えなさい。配点は問1～46が各1点、問47・48が各2点（3問とも正解の場合）。

制限時間

30分

合格点
45点以上

問1 □□
片側2車線の道路の交差点で、原動機付自転車が青信号に従って右折しようとするときは、自動車と同じ方法をとらなければならない。

問2 □□
図1の標示のある道路で、原動機付自転車は矢印のように進路変更することができる。

図1
黄
中央線

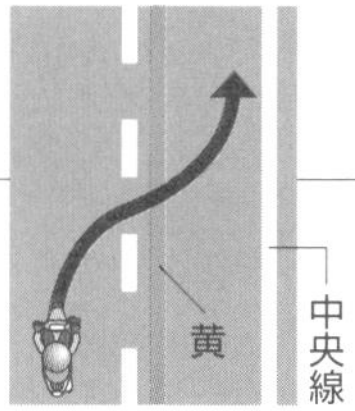

問3 □□
自転車のそばを通行するときは、自転車との間隔を十分にあけるか、徐行しなければならない。

問4 □□
信号機の信号に従って右折または左折をするときは、自動車や原動機付自転車が優先するので、歩行者の通行を気にせずに進行することができる。

問5 □□
曲がり角やカーブを走行するときに車がカーブの外側へ飛び出そうとするのは、遠心力の働きによるものである。

問6 □□
軽い交通事故で負傷者がいない場合は、警察官には報告せずに、お互いに話し合って解決するようにする。

問7 □□
原動機付自転車がリヤカーをけん引している場合に、そのリヤカーに積載できる荷物の重量は、300キログラムまでである。

問8 □□
原動機付自転車に荷物を積むときは、積載装置の幅を超えないようにしなければならない。

問9 □□
図2の標識のある道路では、道路外の施設に出入りするための右折を伴う道路の横断が禁止されている。

図2

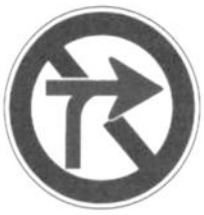

問10 □□
トンネルの中は暗くて狭く、危険なので、どのようなトンネルでも、車の追い越しは禁止されている。

を右ページに当て、解いていこう。重要語句もチェック！

正解　ポイント解説

問1 ○
自動車と同じように、あらかじめ道路の中央に寄ってから右折します（「二段階右折」の標識がある場合を除く）。
P.39

問2 ○
原動機付自転車側には白の破線が引かれているので、矢印のように進路変更することができます。
P.26

問3 ○
歩行者のそばを通る場合と同じように、十分な間隔をあけるか、徐行しなければなりません。
P.29

問4 ×
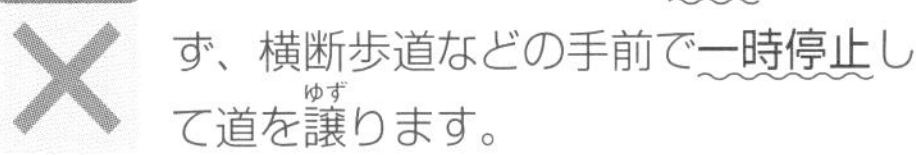
歩行者がいるときはその通行を妨（さまた）げず、横断歩道などの手前で一時停止して道を譲（ゆず）ります。

問5 ○
設問は遠心力の作用による現象で、カーブの半径が小さくなるほど、遠心力は大きくなります。
P.10

問6 ×
交通事故を起こしたときは、事故が発生した場所や状況などを、必ず警察官に報告しなければなりません。
P.50

問7 ×
原動機付自転車がけん引しているリヤカーに積載できる荷物の重量は、120 キログラムまでです。
P.10

問8 ×
原動機付自転車は、積載装置の幅から左右それぞれ 0.15 メートルまではみ出して積むことができます。
P.10

問9 ○
図2は「車両横断禁止」を表す規制標識で、右折を伴う道路の横断が禁止されています。
P.16

問10 ×
車両通行帯のあるトンネルでは、追い越しは禁止されていません。
P.36

重要交通ルール解説

原動機付自転車が二段階右折してはいけない交差点

①交通整理が行われていない道路の交差点。
②交通整理が行われていて、車両通行帯が2つ以下の道路の交差点。
③「原動機付自転車の右折方法（小回り）」の標識（下記）がある道路の交差点。

❶右折の方法（小回り）

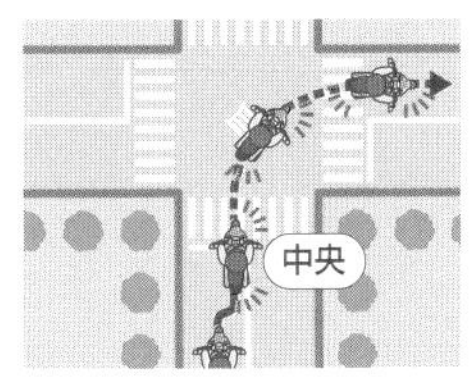

あらかじめできるだけ道路の中央に寄り、交差点の中心のすぐ内側を通って徐行しながら通行する。

❷一方通行の道路での右折

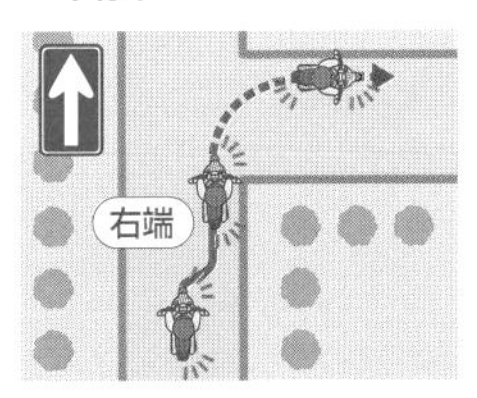

あらかじめできるだけ道路の右端に寄り、交差点の中心の内側を通って徐行しながら通行する。

問11
□□
ブレーキをかけるときは、つま先ではなく、かかとでブレーキペダルを踏むようにする。

問12
□□
二輪車のチェーンの緩(ゆる)みは、中央部を指で押してみて、少したわむ程度がよい。

問13
□□
原動機付自転車の最高速度は、時速30キロメートルよりも低い速度に規制されることはない。

問14
□□
トンネルに入ると明るさが急に変わり、視力が一時急激に低下するので、入る前に十分速度を落とすようにする。

問15
□□
図3の標識のある交差点では、直進と左折はできるが、右折はできない。

図3

問16
□□
車を運転するときは、げたやサンダルなど、運転操作(そうさ)を妨(さまた)げるような履(は)き物は避(さ)けなければならない。

問17
□□
交差点で対面する信号機の信号が黄色の灯火(とうか)を表示したので、一時停止し、周囲の交通の安全を確かめてから発進した。

問18
□□
「警笛(けいてき)区間」の標識がある区間内で、見通しの悪い上り坂の頂上を通るときは、警音器(けいおんき)を鳴らして徐行(じょこう)しなければならない。

問19
□□
原動機付自転車で路線バス等の専用通行帯を通行中に、路線バスが近づいてきたときは、すみやかにその通行帯から出なければならない。

問20
□□
図4の標識のある場所では、必ず一時停止しなければならない。

図4

停止線

問21
□□
消火栓(せん)から5メートル以内の場所は、たとえ原動機付自転車であっても、駐車することが禁止されている。

問11 ×

ブレーキペダルはかかとではなく、つま先で踏み、徐々に強く踏み込むようにします。

問12 ○

二輪車のチェーンには、適度な緩みが必要です。

P.11

問13 ×

標識や標示により、時速30キロメートル以下に規制される場合があります。

問14 ○

目が暗さに順応するまでに時間がかかるので、トンネルに入る前に速度を落とします。

P.10

問15 ○

図3は「指定方向外進行禁止」を表し、矢印の方向以外への車の進行が禁止されています。

問16 ○

げたやサンダルを履くと、正しい運転操作の妨げになります。

P.11

問17 ×

停止位置で停止し、信号が青になるのを待って発進しなければなりません。

P.17

問18 ○

「警笛区間」内の見通しの悪い坂の頂上では、警音器を鳴らし、徐行して通行します。

P.25

問19 ×

原動機付自転車は、路線バスが接近してきても、専用通行帯から出る必要はありません。

P.31

問20 ×

図4は「停止線」を表し、車が停止する場合の位置を示していますが、必ず一時停止するわけではありません。

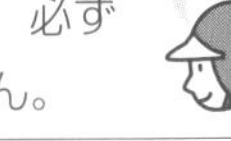

問21 ○

消火栓から5メートル以内の場所は駐車禁止場所に指定されており、原動機付自転車でも駐車できません。

P.45

重要交通ルール解説

「警笛区間」の標識がある区間内で警音器を鳴らす場所

❶見通しのきかない交差点

❷見通しのきかない道路の曲がり角

❸見通しのきかない上り坂の頂上

問22
□□
薄暮(はくぼ)時には交通事故が多発するので、早めにライトを点灯する。

問23
□□
横断歩道を横断している人がいたが、車が近づくと立ち止まったので、そのまま通過した。

問24
□□
原動機付自転車は、走行中風によって刺激を受けるので、眠気を感じてもとくに休憩する必要はない。

問25
□□
友人の車と行き違うときや車の到着を知らせるときは、合図のために警音器(けいおんき)を使ってもよい。

問26
□□
「徐行(じょこう)」の標識があったが、他の交通がなかったので、警音器を鳴らしてそのままの速度で進行した。

問27
□□
図5の標識は一方通行の出口などに設けられ、車がこの標識の方向からは進入できないことを表している。

図5

問28
□□
一方通行の道路で他の車を追い越すときは、前車の左側、右側のどちらを通行してもよい。

問29
□□
横断歩道とその端から前後5メートル以内の場所は駐停車禁止であるが、買い物をするぐらいの短時間なら停止してもよい。

問30
□□
転回禁止区域であっても、車体の小さい原動機付自転車であれば、転回してもよい。

問31
□□
携帯電話は、運転する前に電源を切ったり、ドライブモードに設定するなどして、呼出音が鳴らないようにしておく。

問32
□□
環状交差点に入ろうとするときは、徐行するとともに、環状交差点内を通行する車や路面電車の進行を妨(さまた)げてはならない。

問22 ○

日没前にライトを点灯することが、交通事故の防止につながります。

問23 ×

横断中の歩行者がいるときは、横断歩道の手前で一時停止をして、歩行者に道を譲(ゆず)らなければなりません。

P.29 暗記項目24

問24 ×

運転中に少しでも眠気を感じたら休憩し、眠気をさましてから運転しましょう。

P.9 暗記項目1

問25 ×

あいさつや合図のために、警音器を使用してはいけません。

P.25 暗記項目20

問26 ×

警音器は鳴らさずに、徐行して安全を確かめなければなりません。

P.22 暗記項目17

問27 ○

図5は「車両進入禁止」を表す規制標識で、この標識のある側からは車は進入できません。

問28 ×

一方通行路であっても、追い越しをするときは、原則として前車の右側を通行します。

問29 ×

駐停車禁止場所には、どんなに短時間でも停止してはいけません。

P.45 暗記項目43

問30 ×

転回禁止区域では、車の種類を問わず、転回が禁止されています。

問31 ○

走行中の携帯電話の使用は周囲の交通状況への注意が不十分になるため、たいへん危険です。

問32 ○

徐行するとともに、車や路面電車の進行を妨げないようにします。

重要交通ルール解説

環状交差点の通行方法

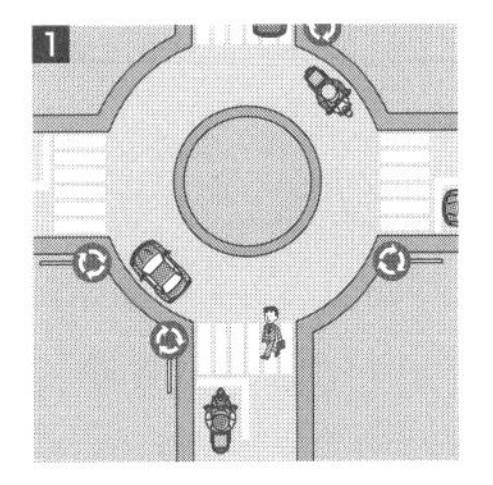

環状交差点は、車両が通行する部分が環状（円形）の交差点で、標識などで車両が右回りに通行することが指定されている。

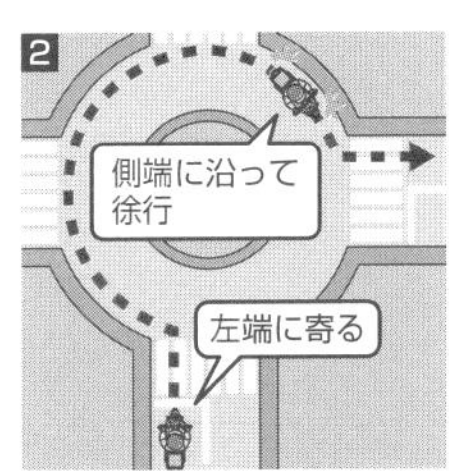

右左折、直進、転回しようとするときは、あらかじめできるだけ道路の左端に寄り、環状交差点の側端に沿って徐行しながら通行する（標示などで通行方法が指定されているときはそれに従う）。

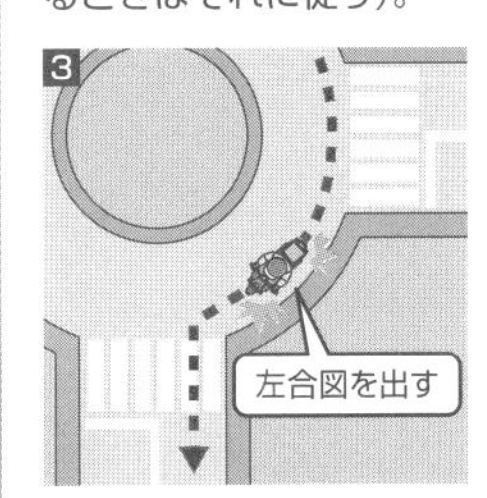

環状交差点から出るときは、出ようとする地点の直前の出口の側方を通過したとき（入った直後の出口を出る場合は、その環状交差点に入ったとき）に左側の合図を出す（環状交差点に入るときは合図を行わない）。

問33 □□

図6のような標示のある道路を通行するときは、道路の中央よりも右側の部分にはみ出して通行することができる。

図6

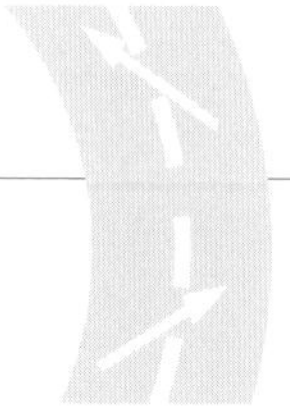

問34 □□

日常点検をしたところ、車輪にガタつきやゆがみがあったので、運転を中止して整備に出した。

問35 □□

片側の幅が6メートル未満の道路でも、中央線が黄色の線の場合は、追い越しのためにその線を越えて右側にはみ出してはならない。

問36 □□

狭い坂道で行き違うときは、上りの車が一時停止などをして、下りの車に道を譲(ゆず)るようにする。

問37 □□

交差点の手前などで止まるときは、ブレーキペダルを数回に分けて踏んだほうが安全に停止でき、後続車への合図にもなるので、追突(ついとつ)されずにすむ。

問38 □□

こう配(ばい)の急な坂は、下りの場合は徐行(じょこう)しなければならないが、上りの場合は徐行する必要はない。

問39 □□

図7の標識は、この先に路面電車の停留所があることを表している。

図7

黄

問40 □□

大地震が発生した場合は、原動機付自転車に限って、避難(ひなん)のために使用することができる。

問41 □□

警報機(けいほうき)のない踏切を通過するときは、見通しが悪い場合だけ、その踏切の手前で一時停止して安全を確認すればよい。

問42 □□

対向車のライトがまぶしく感じられたときは、そのライトを見つめるようにすると、相手の車の状況がよくわかるので安全である。

問43 □□

原動機付自転車は、交通量が多いときに限り、路側帯(ろそくたい)を通行することができる。

問33 ○
図6の標示は「右側通行」を表し、道路の右側部分にはみ出して通行することができます。
P.16 暗記項目 11

問34 ○
日常点検で異常があった場合は、危険なので運転を中止し、整備するようにします。
P.11 暗記項目 7

問35 ○
黄色の中央線は、「追越しのための右側部分はみ出し通行禁止」を表します。
P.35 暗記項目 31

問36 ×
下りの車が一時停止などをして、発進の難しい上りの車に進路を譲ります。
P.41 暗記項目 40

問37 ○
数回に分けてブレーキをかけることで、タイヤのロックを防ぎ、追突防止にも役立ちます。
P.21 暗記項目 16

問38 ○
こう配の急な上り坂は、徐行すべき場所には指定されていません。
P.22 暗記項目 17

問39 ×
図7は、「踏切あり」を表す警戒標識です。

問40 ×
大地震の際は、やむを得ない場合を除き、避難のために自動車や原動機付自転車を使用してはいけません。

問41 ×
警報機の有無(うむ)や見通しのよし悪しに関係なく、信号機のない踏切の手前では一時停止しなければなりません。
P.40 暗記項目 37

問42 ×
ライトを注視すると目が幻惑(げんわく)され、かえって見えにくくなるので、視点をやや左前方へ向けるようにします。
P.49 暗記項目 46

問43 ×
原動機付自転車や自動車は、交通量が多い場合でも、路側帯を通行してはいけません。
P.25 暗記項目 19

重要交通ルール解説

道路の右側部分にはみ出して通行することができるとき

❶道路が一方通行になっているとき

❷工事などで左側に通行するための十分な道幅がないとき

❸左側部分の幅が6メートル未満の見通しのよい道路で追い越しをするとき(標識などで禁止されている場合を除く)

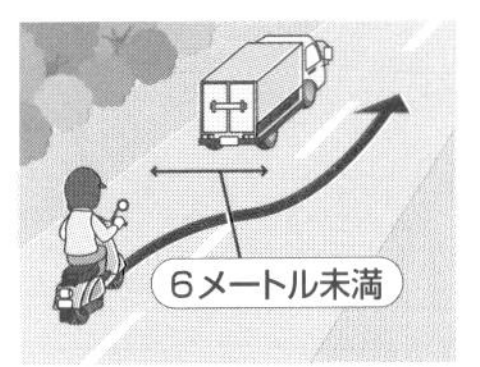

❹「右側通行」の標示があるとき

問44 道路際にあるガソリンスタンドに出入りするために路側帯を横切るときは、歩行者に注意しながら徐行しなければならない。

□ □

問45 図８の標識は、この先の道路が工事中で通行できないことを表している。

□ □

図８

黄

問46 駐車場や車庫など、自動車用の出入口から５メートル以内の場所には、駐車してはならない。

□ □

問47 対向車線が渋滞しています。どのようなことに注意して運転しますか？

□ □ （１）車の間や交差点から歩行者が飛び出してくるかもしれないので、減速して走行する。

□ □ （２）対向する二輪車が右折の合図を出しているので、交差点内で衝突しないよう、警音器を鳴らしてそのまま進行する。

□ □ （３）左側の二輪車がいきなり左折して進路に入ってくるおそれがあるので、その前に加速して交差点を通過する。

問48 交差点を左折するため、時速10キロメートルに減速しました。どのようなことに注意して運転しますか？

□ □ （１）右側から無灯火の自転車がきており、視界が悪く見落としやすいので、交差点の手前で停止する。

□ □ （２）後ろから車が近づいているので、すばやく左折する。

□ □ （３）交差点の左側に歩行者がいるが、横断歩道もなく、まだ距離もあるので、自転車に注意して左折する。

問44 ×

路側帯を横切るときは、徐行ではなく、歩行者の有無(うむ)にかかわらず一時停止しなければなりません。

P.25

問45 ×

図8は「道路工事中」を表す警戒標識ですが、通行することはできます。

P.16

問46 ×

自動車用の出入口から3メートル以内が、駐車禁止場所です。

P.45

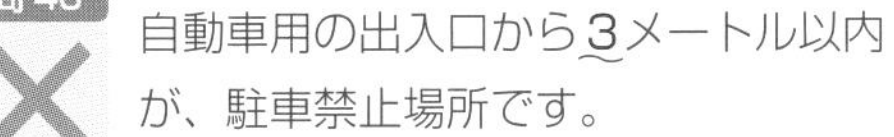

問47

対向車のかげと二輪車の動向に注目！

対向車のかげから歩行者が急に飛び出してくるおそれがあります。警音器(けいおんき)は鳴らさずに、速度を落として進行しましょう。

(1) ○ 歩行者が急に飛び出してくるおそれがあるので、注意して進行します。

(2) × 警音器は鳴らさず、速度を落として進行します。

(3) × 左側の二輪車が急に左折して、接触するおそれがあります。

問48

自転車や歩行者の行動に注目！

夜間は周囲が暗く、自転車や歩行者の発見が遅れやすくなります。バックミラーに映る後続車にも注意が必要です。

(1) ○ 一時停止して、自転車の進行を妨(さまた)げないようにします。

(2) × 自転車や歩行者と接触するおそれがあります。

(3) × 歩行者が道路を横断するおそれがあります。

第2回 実戦模擬テスト

問1～48を読み、正しいものは「○」、誤っているものは「×」と答えなさい。配点は問1～46が各1点、問47・48が各2点（3問とも正解の場合）。

制限時間

30分

合格点

45点以上

問1 □ □
原動機付自転車の積み荷の幅は、荷台の左右からそれぞれ0.15メートルまではみ出してもよい。

問2 □ □
一方通行の道路で、右折のために道路の右端に寄っている前車を追い越すときは、その左側を通行しなければならない。

問3 □ □
図1の標示が道路上にある場合は、標示内を通行してはいけない。

図1

問4 □ □
山道の急カーブでは、対向車が中央線をはみ出して進行してくることがあるので、十分に注意して運転する。

問5 □ □
原動機付自転車は、ブレーキレバーを使うと後輪ブレーキに作用し、ブレーキペダルを使うと前輪ブレーキに作用する。

問6 □ □
信号機の信号は、横が赤になっても、前方が青であるとは限らない。

問7 □ □
運転中は視線を一点に集中させず、前方を広く見渡すようにする。

問8 □ □
前車が、右折するために道路の中央に寄ろうとして合図をしているときは、その進路変更を妨げてはならない。

問9 □ □
図2の標示のある場所では、車は駐車も停車もしてはいけない。

図2

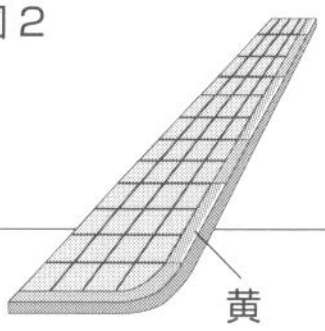

黄

問10 □ □
下り坂では加速がつくので、高速ギアに入れて、エンジンブレーキを活用する。

を右ページに当て、解いていこう。重要語句もチェック！

正解	ポイント解説	
問1 ○	荷台の左右からそれぞれ0.15メートルまで、後ろは0.3メートルまで、はみ出して積むことができます。	P.10 暗記項目 5
問2 ○	一方通行路で前車が右折のために右端に寄っている場合は、その左側を追い越します。	 ここで覚える!
問3 ×	図1は「停止禁止部分」を表す標示で、通行することはできますが、この中で停止してはいけません。	 P.16 暗記項目 11
問4 ○	急カーブでは、対向車が中央線をはみ出してくることを予測し、速度を落として、やや左寄りを走行します。	 ここで覚える!
問5 ×	ブレーキレバーは前輪ブレーキに、ブレーキペダルは後輪ブレーキに作用します。	 ここで覚える!
問6 ○	横の信号が赤でも、前方の信号は青とは限りません。必ず前方の信号を確認して、それに従いましょう。	 ここで覚える!
問7 ○	一点だけを注視せず、広い視野で、周囲の交通の状況に注意しながら運転します。	 ここで覚える!
問8 ○	急ブレーキや急ハンドルで避けなければならない場合以外は、前車の進路変更を妨げてはいけません。	 ここで覚える!
問9 ×	図2は「駐車禁止」を表す標示ですが、停車は禁止されていません。	 P.45 暗記項目 42
問10 ×	高速ギアではなく、低速ギアに入れてエンジンブレーキを活用します。	 ここで覚える!

重要交通ルール解説

原動機付自転車に荷物を積むときの制限

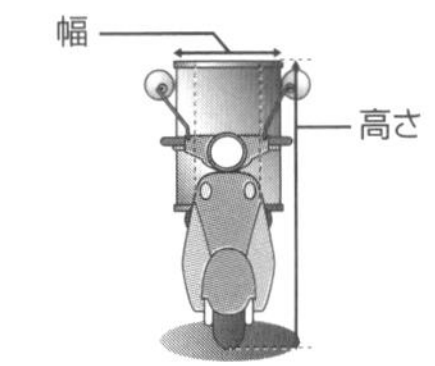

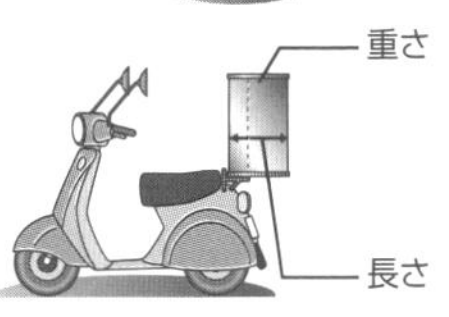

❶高さ

地上から2メートル以下。

❷重さ

30キログラム以下。

❸長さ

積載装置の長さ＋後方に0.3メートル以下。

❹幅

積載装置の幅＋左右にそれぞれ0.15メートル以下。

問11 □□
内輪差とは、車が曲がるときに前輪が後輪より内側を通ることによって生じる、前輪と後輪の軌跡の差である。

問12 □□
トンネルの中は、車両通行帯があれば、駐停車することができる。

問13 □□
無免許の人や、酒を飲んでいる人に車を貸してはいけない。

問14 □□
自動車損害賠償責任保険や責任共済に加入していれば、その証明書は自宅に保管してもよい。

問15 □□
図3の標示は、前方に交差点があることを表している。

図3

問16 □□
原動機付自転車は、車体を傾けて曲がることができるので、カーブでも速度を落とさなくてもよい。

問17 □□
夜間は視界が悪いので、昼間よりも速度を落として運転するほうが安全である。

問18 □□
二輪車は、エンジンをかけていてもかけていなくても、押して歩くときは歩行者として扱われる。

問19 □□
右折しようとする車は、たとえ先に交差点に入っていても、直進車や左折車の進行を妨げてはならない。

問20 □□
図4の標識は、この先の道路が行き止まりであることを表している。

図4

黄

問21 □□
交差点やその付近以外で緊急自動車が近づいてきたので、速度を落としてそのまま進行した。

問11 ×

内輪差とは、後輪が前輪より内側を通るときの軌跡の差をいいます。

問12 ×

トンネル内は、車両通行帯の有無（うむ）にかかわらず、駐停車してはいけません。

問13 ○

車を所有する人は、無免許の人や酒を飲んだ人に車を貸してはいけません。

問14 ×

自賠責保険や責任共済の証明書は、自宅に保管せず、車に備えつけておかなければなりません。

問15 ×

図３の標示は、「横断歩道または自転車横断帯あり」を表しています。

問16 ×

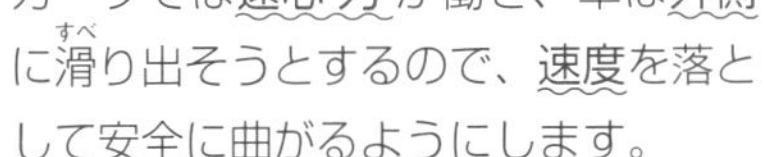
カーブでは遠心力（えんしんりょく）が働き、車は外側に滑（すべ）り出そうとするので、速度を落として安全に曲がるようにします。

問17 ○

夜間は周囲が暗く、歩行者や自転車の発見が遅れることがあるので、昼間より速度を落として運転します。

問18 ×

二輪車が歩行者として扱われるのは、エンジンを切って押して歩く場合です（側車付き、けん引（いん）時を除く）。

問19 ○

右折車は、直進車や左折車の進行を妨げてはいけません。

問20 ×

図４は「T形道路交差点あり」の警戒標識で、行き止まりを意味するものではありません。

問21 ×

そのまま進行するのではなく、道路の左側に寄って緊急自動車に進路を譲（ゆず）ります。

重要交通ルール解説

夜間の運転方法

❶ライトをつけなければならない場合

夜間（日没から日の出まで）、運転するとき。

昼間でも、トンネルの中や霧などで 50 メートル先が見えない場所を通行するとき。

❷ライトを切り替える場合

対向車とすれ違うときや、他の車の直後を走行するときは、前照灯を減光するか下向きに切り替える。

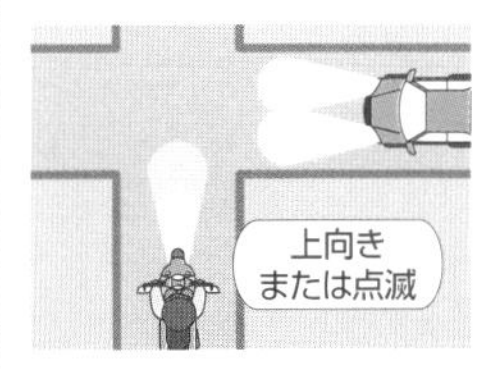

見通しの悪い交差点を通過するときは、前照灯を上向きにするか点滅させて、自車の接近を知らせる。

問22 □□
路面が雨に濡れている場合の停止距離は、乾いている場合よりも長くなる。

問23 □□
横断歩道とその端から前後5メートル以内の場所は、駐車も停車もできない。

問24 □□
車両通行帯が黄色の線で区画されている場合でも、ほかの車両に進路を譲るためであれば、黄色の線を越えて進路変更をしてもよい。

問25 □□
雨の日にブレーキをかけたらスリップしたので、一度ブレーキを緩め、数回に分けてかけ直した。

問26 □□
原動機付自転車は､歩道や路側帯のない道路では駐車できない。

問27 □□
図5のような信号機がある交差点では、原動機付自転車は矢印の方向に進むことができる。

図5

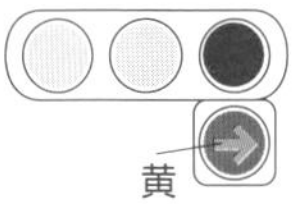

黄

問28 □□
消火栓や消防用防火水槽などの消防施設から5メートル以内の場所には、駐車してはいけない。

問29 □□
横断歩道のない交差点の近くを歩行者が横断しているときは、とくに歩行者に道を譲る必要はない。

問30 □□
歩道や路側帯のない道路で駐車するときは、車の左側に0.75メートル以上の余地をあけて駐車する。

問31 □□
ガソリンスタンドや車庫などに出入りするために歩道や路側帯を横切るときは、歩行者がいる場合に限り、その手前で一時停止する。

問32 □□
対面する信号機の信号が赤色の灯火の点滅を示しているときは、車は徐行して交差点に入ることができる。

問22 ○
雨の日は路面の摩擦抵抗（まさつ）が低下するため、制動（せいどう）距離や停止距離が長くなります。
P.21 暗記項目 15

問23 ○
横断歩道とその端から前後5メートル以内は、駐停車禁止場所として指定されています。
P.45 暗記項目 43

問24 ×
黄色の線が引かれている場合は、進路を譲るためであっても、その線を越えて進路変更をしてはいけません。
P.26 暗記項目 22

問25 ○
雨の日は路面がスリップしやすいので、ブレーキを数回に分けてかけ、安全に速度を落としましょう。
P.21 暗記項目 16

問26 ×
標識や標示などで駐車が禁止されていなければ、道路の左端に沿って駐車することができます。
P.46 暗記項目 45

問27 ×
黄色の矢印信号は路面電車に対する信号なので、車や歩行者は進行してはいけません。
P.17 暗記項目 12

問28 ○
消火栓や消防用防火水槽などから5メートル以内は、駐車禁止場所に指定されています。
P.45 暗記項目 42

問29 ×
車は、横断歩道のない交差点の近くを横断している歩行者の通行を妨（さまた）げてはいけません。
ここで覚える!

問30 ×
歩道や路側帯のない道路では、道路の左端に沿って駐車します。
P.46 暗記項目 45

問31 ×
歩道や路側帯を横切るときは、歩行者の有無（うむ）にかかわらず、その手前で一時停止しなければなりません。
P.25

問32 ×
赤色の点滅信号では、停止位置で一時停止し、安全を確かめてから進行します。
P.17

重要交通ルール解説

5メートル以内での駐停車が禁止されている場所

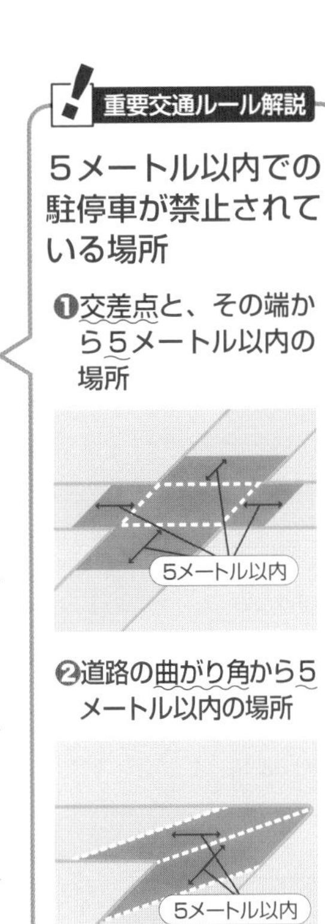

❶交差点と、その端から5メートル以内の場所

❷道路の曲がり角から5メートル以内の場所

❸横断歩道や自転車横断帯と、その端から前後5メートル以内の場所

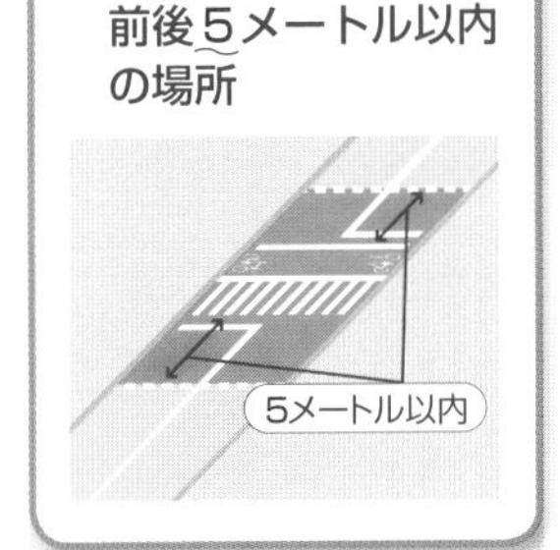

問33
□ □
図6の標示は、最低速度が時速30キロメートルであることを表している。

図6

問34
□ □
停止距離とは、ブレーキが効き始めてから車が停止するまでの距離のことである。

問35
□ □
濃霧などで50メートル先が見えない場合は、昼間でも前照灯をつけて走行する。

問36
□ □
交差点で交通整理中の警察官が両腕を水平に上げているとき、対面する車は直進や右折をすることはできないが、徐行しながら左折することはできる。

問37
□ □
乗車用ヘルメットをかぶらなければならないのは大型自動二輪車や普通自動二輪車であり、原動機付自転車を運転する場合は工事用安全帽でもよい。

問38
□ □
運転者が車から離れていて、すぐに運転できない状態は停車である。

問39
□ □
図7の標識があるところでは、駐車禁止区間であっても、駐車してもよい。

図7

問40
□ □
二輪車でカーブを走行するときは、クラッチを切らずにスロットルを調節して、速度を加減するようにする。

問41
□ □
二輪車を運転中にブレーキをかけるときは、車体を垂直に保ち、エンジンブレーキを効かせずに、前後輪ブレーキを同時にかけるようにするのが安全である。

問42
□ □
見通しのよい踏切では、安全を確かめれば、一時停止せずに通過することができる。

問43
□ □
信号機の信号と警察官の手信号が違っている場合は、信号機の信号に従わなければならない。

問33 ×
図6は、最低速度ではなく、最高速度が時速30キロメートルであることを表す標示です。
P.21 暗記項目14

問34 ×
停止距離とは、危険を感じてブレーキをかけてから、車が停止するまでの距離をいいます。
P.21

問35 ○
濃霧などで視界が悪い場合は、昼間でも前照灯をつけて、速度を落として運転します。
P.49 暗記項目46

問36 ×
両腕を水平に上げる警察官の手信号は、対面する交通には赤信号と同じ意味なので、左折はできません。
P.17 暗記項目13

問37 ×
原動機付自転車も、必ず乗車用ヘルメットをかぶらなければなりません。
P.11

問38 ×
運転者が車から離れていて、すぐに運転できない状態は、停車ではなく駐車に該当(がいとう)します。
P.45 暗記項目41

問39 ○
図7は「駐車可」を表す指示標識で、車は駐車することができます。
ここで覚える!

問40 ○
カーブを走行するときは、クラッチを切らずに車輪にエンジンの力をかけて、スロットルで速度を調節します。
P.41

問41 ×
二輪車のブレーキをかけ方は、エンジンブレーキを効かせて、前後輪ブレーキを同時にかけるようにします。
P.21

問42 ×
踏切に進入する前には、青信号に従う
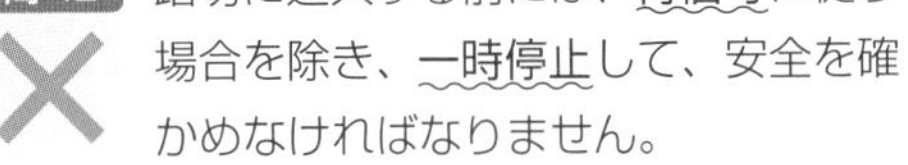
場合を除き、一時停止して、安全を確かめなければなりません。
P.40

問43 ×
信号機の信号と警察官の手信号が違う場合は、警察官の手信号に従わなければなりません。
ここで覚える!

重要交通ルール解説

警察官などの手信号・灯火信号の意味

❶腕を水平に上げる

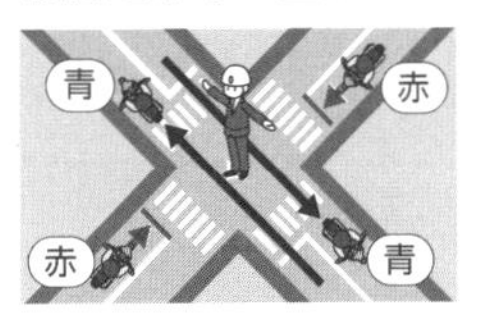

身体の正面（背面）に平行する交通は青色の灯火信号と同じ、対面する交通は、赤色の灯火信号と同じ。

❷腕を垂直に上げる

身体の正面（背面）に平行する交通は黄色の灯火信号と同じ、対面する交通は、赤色の灯火信号と同じ。

❸灯火を横に振る

身体の正面（背面）に平行する交通は青色の灯火信号と同じ、対面する交通は、赤色の灯火信号と同じ。

❹灯火を頭上に上げる

身体の正面（背面）に平行する交通は黄色の灯火信号と同じ、対面する交通は、赤色の灯火信号と同じ。

問44
□□

排気の色が黒色のときは、燃料が不完全燃焼している。

問45
□□

図８の標識がある通行帯は、原動機付自転車であれば通行してもよい。

図８

問46
□□

大地震が発生したときは、機動性のある原動機付自転車に乗って避難する。

問47

時速30キロメートルで進行しています。どのようなことに注意して運転しますか？

□□ （1）トラックは急に速度を落とすかもしれないので、トラックの動きに注意しながら進行する。

□□ （2）トラックの前方の様子がよくわからないので、速度を上げてトラックを追い越す。

□□ （3）トラックは間もなく右に進路を変更するはずなので、このままの車間距離で前方に注意しながら進行する。

問48

時速30キロメートルで進行しています。前方の交差点を右折するときは、どのようなことに注意して運転しますか？

□□ （1）左前方の自動車は左折のために徐行しており、そのかげから他の車が出てくるかもしれないので、注意しながら右折する。

□□ （2）対向車線が渋滞して右折は難しいので、交差点に入ったら中心より先に出て、対向車に道を譲ってもらって右折する。

□□ （3）車のかげから歩行者が横断するかもしれないので、左右を確認しながら進行する。

問44 ○

燃料が完全に燃焼しているときは、排気の色が無色か淡青色です。

問45 ○

図8は路線バス等の「専用通行帯」を表し、小型特殊自動車、原動機付自転車、軽車両は通行できます。

問46 ×

やむを得ない場合を除き、原動機付自転車で避難してはいけません。

問47

対向車の有無とトラックの動向に注目！

この先は工事中のようですが、トラックが死角となって、工事現場や対向車の有無が確認できません。安全が確認できるまで注意して進みます。

(1)

速度を落とし、トラックの動きに注意して進行します。

(2) ×

対向車が接近しているかもしれないので、衝突するおそれがあります。

(3) ○

車間距離を保ったまま、トラックの動きに注意して進行します。

問48

対向車や左側の車のかげに注目！

対向車線は渋滞していますが、自車の右折を待ってくれるとは限りません。周囲の死角も多く、歩行者の飛び出しにも注意が必要です。

(1)

左側の路地にも、十分に注意して右折します。

(2)

交差点の中心よりも手前で止まり、対向車が途切れるのを待ちます。

(3) ○

車の死角に、歩行者が潜んでいるおそれがあります。

問1～48を読み、正しいものは「○」、誤っているものは「×」と答えなさい。配点は問1～46が各1点、問47・48が各2点（3問とも正解の場合）。

制限時間 30分　合格点 45点以上

問1 □□

横断歩道のない交差点の直前を歩行者が横断しているときは、その歩行者の通行を妨げてはならない。

問2 □□

正面の信号が黄色の灯火のとき、車は原則として、停止位置から先へ進んではならない。

問3 □□

図1の標示のあるところでは、その部分を通過することはできても、車を停止させることはできない。

図1

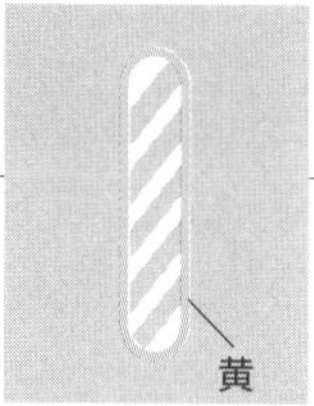

黄

問4 □□

左前方を進む車が右折の合図をしたが、後続車があり、急ブレーキをかけなければ避けられない状況だったので、そのまま進行した。

問5 □□

歩行者が立ち止まっている安全地帯のそばを通るときは、警音器を鳴らして注意を促さなければならない。

問6 □□

効力を失った運転免許証で原動機付自転車を運転すると、免許証の携帯義務違反になる。

問7 □□

片側に2つの車両通行帯がある道路で原動機付自転車を運転中、左側の車両通行帯が混んでいたので、右側の車両通行帯を通行した。

問8 □□

薬は身体の状態をよくするものであるから、どのような薬を飲んでいるときであっても、安心して運転してよい。

問9 □□

図2の標識のある通行帯を通行中の原動機付自転車は、路線バスが近づいてきたら、他の通行帯に移らなければならない。

図2

優先

問10 □□

天候が悪く、定められた速度で進行すると他の交通に危険をおよぼすおそれがあったので、速度を落として運転した。

赤シートを右ページに当て、解いていこう。重要語句もチェック！

正解	ポイント解説	
問1 ○	横断歩道がない場合でも、車は歩行者の通行を妨げてはいけません。	ここで覚える!
問2 ○	黄色の灯火信号では、安全に停止できない場合を除き、停止位置から先へ進んではいけません。	P.17 暗記項目12
問3 ×	図1は「立入り禁止部分」を表し、通過することも、停止することもできません。	P.25 暗記項目19
問4 ○	急ブレーキや急ハンドルで避けなければならない場合は、そのまま進行することができます。	ここで覚える! 
問5 ×	歩行者がいる安全地帯のそばを通るときは、警音器は鳴らさず、徐行(じょこう)しなければなりません。	P.29  暗記項目23
問6 ×	失効(しっこう)した運転免許証で運転すると、携帯義務違反ではなく、無免許運転になります。	ここで覚える! 
問7 ×	片側に2つの車両通行帯がある道路では、車は原則として、左側の車両通行帯を通行します。	P.25 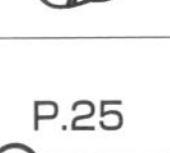 暗記項目18
問8 ×	睡眠(すいみん)作用のある薬を飲んでいるときは、車の運転は控(ひか)えるようにします。	P.9  暗記項目1
問9 × 	図2は「路線バス等優先通行帯」を表しており、原動機付自転車は他の通行帯に移る必要はありません。	P.31  暗記項目28
問10 ○	悪天候の場合は、晴れた日よりも速度を落とし、車間距離を十分にとって運転します。	ここで覚える! 

重要交通ルール解説

車が通行するところ

❶歩道・路側帯と車道の区分がある道路

車は、車道を通行する。

❷中央線がない道路、ある道路

車は、中央線がないときは道路の中央から左の部分を通行し、中央線があるときは中央線から左の部分を通行する。

❸片側２車線の道路

車は、右側の通行帯は追い越しなどのためにあけておき、左側の通行帯を通行する。

❹片側３車線以上の道路

原動機付自転車は、原則として最も左側の通行帯を通行する。

問11
□□
進路を変更しようとするときは、バックミラーなどで、進路を変える方向の後続車の有無（うむ）を確かめなければならない。

問12
□□
二輪車のハンドルを持つときは、肩に力を入れ、ひじをピンと張るようにして、グリップを強く握るとよい。

問13
□□
「高齢者マーク」や「身体障害者マーク」をつけて走っている自動車に対しては、幅寄せや前方への急な割り込みをしてはならない。

問14
□□
原動機付自転車は、高速道路を通行することはできない。

問15
□□
図3の標識は、そこが路面電車やバスの停留所であることを表している。

図3

停

問16
□□
左に進路変更する場合の合図を始める時期は、進路を変えようとする約3秒前である。

問17
□□
信号機などで交通整理が行われている場合や、優先道路を通行中の場合でも、見通しの悪い交差点を通行するときは徐行（じょこう）しなければならない。

問18
□□
横断歩道とその手前から30メートル以内の場所は、追い越しは禁止されているが、追い抜きは禁止されていない。

問19
□□
夜間に原動機付自転車を運転するときは、駐停車しているトラックなどに追突（ついとつ）することがあるので、前方の障害物の発見には十分に注意する。

問20
□□
図4の標識のある場所で、原動機付自転車が時速40キロメートルで走行した。

図4

40

問21
□□
大型車と並進（へいしん）する場合はその死角（しかく）に入ることを避（さ）け、大型車が左折するときに、左後輪に巻き込まれないように注意しなければならない。

問11 ○

バックミラーや自分の目で、あらかじめ後方の安全を確かめてから進路変更します。

問12 ×

二輪車を運転するときは、肩の力を抜き、ひじをやや曲げ、グリップを軽く握るようにします。

P.11

問13 ○

「高齢者マーク」や「身体障害者マーク」をつけている自動車には、幅寄せや割り込みをしてはいけません。

P.30 暗記項目 26

問14 ○

原動機付自転車は、高速自動車国道や自動車専用道路を通行できません。

問15 ×

図3は「停車可」の指示標識で、車がそこに停車できることを表しています。

問16 ○

進路変更をする場合は、進路を変えようとする約3秒前に合図を行います。

P.26

問17 ×

交通整理が行われている場合や優先道路を通行している場合は、徐行する必要はありません。

P.22

問18 ×

横断歩道や自転車横断帯とその手前から30メートル以内の場所は、追い越しも追い抜きも禁止されています。

P.36

問19 ○

夜間は周囲が暗く、障害物の発見が遅れがちなので、十分に注意して運転しましょう。

問20 ×

図4の標識は「最高速度時速40キロメートル」ですが、原動機付自転車は時速30キロメートルを超えてはいけません。

P.21

問21 ○

内輪差(ないりんさ)によって、後輪は前輪よりも内側を通るので、巻き込まれないように注意しましょう。

重要交通ルール解説

自動車に表示するマーク(標識)の意味

❶初心者マーク

免許を受けて1年未満の人が、自動車を運転するときにつけるマーク。

❷高齢者マーク

70歳以上の人が、自動車を運転するときにつけるマーク。

❸身体障害者マーク

身体に障害がある人が、自動車を運転するときにつけるマーク。

❹聴覚障害者マーク

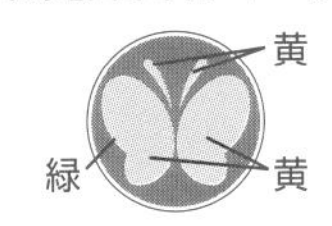

聴覚に障害がある人が、自動車を運転するときにつけるマーク。

❺仮免許練習標識

仮免許
練習中

運転の練習をする人が、自動車を運転するときにつけるマーク。

問22 □□
道路の曲がり角から5メートル以内の場所は、駐車をしてはいけないが、停車であればしてもよい。

問23 □□
歩道のない道路に、白色のペイントで1本の線が引かれている路側帯（ろそくたい）は、歩行者の通行が禁止されている。

問24 □□
運転が上手であっても、慣性力（かんせいりょく）や遠心力（えんしんりょく）などの自然の力を無視することはできない。

問25 □□
交通事故では、負傷者はなるべく動かさずに救急車の到着を待つほうがよいが、出血のひどい場合や、意識がなく窒息（ちっそく）するおそれがある場合には、応急救護処置（きゅうごしょち）を行う。

問26 □□
原動機付自転車を運転して交差点内を通行中に、後方から緊急（きんきゅう）自動車が接近してきたときは、交差点の外に出て徐行（じょこう）する。

問27 □□
図5の標示は、「転回禁止区間の終わり」を表している。

図5
黄

問28 □□
原動機付自転車であっても、適切な時期に日常点検をしなければならない。

問29 □□
交通整理の行われていない交差点で、優先道路を通行している車は、交差道路の車に優先して進行できる。

問30 □□
前車に続いて信号機のない踏切を通過するときは、一時停止や安全確認をする必要はない。

問31 □□
自動二輪車や原動機付自転車は車幅が狭（せま）いので、歩道上に乗り上げて駐車してもよい。

問32 □□
交差点を右折しようとする場合、反対方向から直進してくる車があるときは、自分の車が先に交差点に入っていても、直進車の進行を妨（さまた）げてはならない。

問22 ×
道路の曲がり角から5メートル以内は駐停車禁止場所なので、駐車も停車もしてはいけません。
P.45 暗記項目43

問23 ×
白線1本の路側帯では、歩行者と軽車両（けいしゃりょう）の通行が認められています。
ここで覚える!

問24 ○
車に働く慣性力や遠心力を理解して、慎重（しんちょう）な運転を心がけましょう。
ここで覚える!

問25 ○
可能な限りの応急救護処置を行って、救急車の到着を待ちます。
P.50 暗記項目49

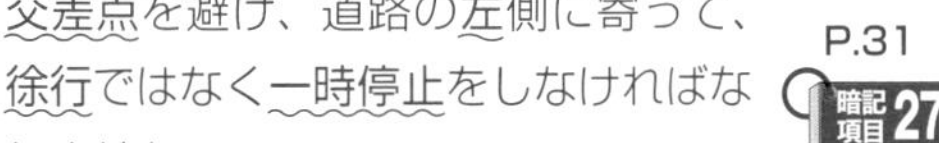

問26 ×
交差点を避（さ）け、道路の左側に寄って、徐行ではなく一時停止をしなければなりません。
P.31 暗記項目27

問27 ×
図5の標示は、「転回禁止区間の終わり」ではなく、「転回禁止」を表しています。
P.15 暗記項目10

問28 ○
原動機付自転車は、日ごろの使用状況に応じた、適切な時期に日常点検を行います。
P.11 暗記項目7

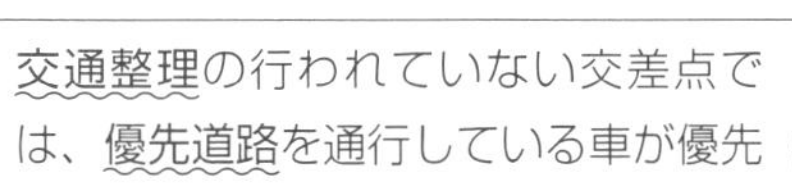

問29 ○
交通整理の行われていない交差点では、優先道路を通行している車が優先されます。
P.40 暗記項目36

問30 ×
信号機のない踏切を通過する前には、必ず一時停止して、安全確認をしなければなりません。
P.40 暗記項目37

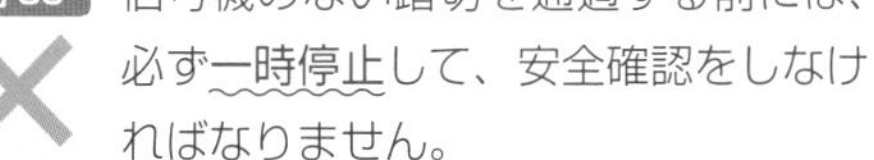

問31 ×
二輪車であっても、歩道上に駐車してはいけません。
ここで覚える!

問32 ○
たとえ先に交差点に入っていても、右折車は、直進車や左折車の進行を妨げてはいけません。
ここで覚える!

車に働く自然の力

❶遠心力

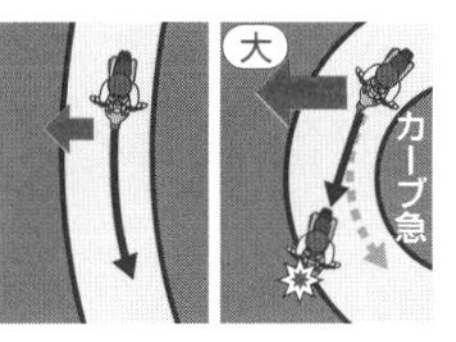

速度の二乗に比例して大きくなる。また、カーブの半径が小さくなる（急になる）ほど大きくなる。

❷衝撃力

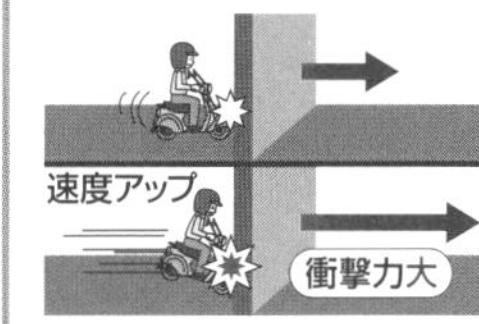

速度と重量に応じて大きくなる。また、固い物にぶつかるほど大きくなる。

❸制動距離

速度の二乗に比例して大きくなる。

※濡れたアスファルト路面を走るとき

タイヤと路面との摩擦抵抗が小さくなり、制動距離が長くなる。

問33 □□
図6の標識のある場所は、歩行者や原動機付自転車は、原則として通行することができない。

図6

問34 □□
園児などの乗り降りのため、非常点滅表示灯をつけて停車している通学・通園バスのそばを通るときは、徐行(じょこう)して安全を確かめなければならない。

問35 □□
車は、道路に面した場所に出入りするためにやむを得ない場合は、歩道や路側帯(ろそくたい)を横切ることができる。

問36 □□
こう配(ばい)の急な下り坂は、見通しが悪いときに限り、徐行しなければならない。

問37 □□
前車が交差点や踏切などで停止や徐行をしているときに、その前に割り込んだり、その前を横切ったりしてはいけない。

問38 □□
エンジンの総排気量が90ccの二輪車は、原付免許があれば運転できる。

問39 □□
図7の標識は、前方の道路に合流地点があることを表している。

図7

問40 □□
交通法規さえ守っていれば、自分本位に運転しても、交通事故は起きないものである。

問41 □□
右折するため、道路の中央に寄って通行している車を追い越そうとしたが、左側の車線は後続車が多かったので、道路の中央より右側の部分を通行して追い越しをした。

問42 □□
「立入り禁止部分」は、歩行者がいるときに限り、車を乗り入れてはならない。

問43 □□
ハンドルやブレーキが故障している車は、危険なので運転してはならない。

問	答	解説	参照
問33	○	図6は「自転車専用」の標識で、歩行者や原動機付自転車は原則として通行できません。	ここで覚える!
問34	○	通学・通園バスのそばを通るときは、急な飛び出しに備え、徐行して安全を確かめます。	ここで覚える!
問35	○	車は歩道や路側帯を通行することはできませんが、その直前で一時停止をして横切ることはできます。	P.25 暗記項目 19
問36	×	見通しのよし悪しに関係なく、こう配の急な下り坂では徐行しなければなりません。	P.22 暗記項目 17
問37	○	前車の進行を妨(さまた)げる割り込みや横切り、幅寄せなどをしてはいけません。	ここで覚える!
問38	×	90ccの二輪車を運転するには、大型二輪免許または普通二輪免許が必要になります。	P.9 暗記項目 2
問39	×	図7は、「安全地帯」であることを表す標識です。	P.16 暗記項目 11
問40	×	交通法規を守るだけでなく、他車や歩行者の動きにも十分に注意して運転しなければなりません。	ここで覚える!
問41	×	前車が右折しようとしている場合は、その右側を追い越してはいけません。	ここで覚える!
問42	×	「立入り禁止部分」には、歩行者の有(う)無(む)にかかわらず、車を乗り入れてはいけません。	P.25 暗記項目 19
問43	○	ハンドルやブレーキが故障している整備不良車は、危険なので運転してはいけません。	ここで覚える!

重要交通ルール解説

標識で原動機付自転車の通行が禁止されている場所

❶通行止め

通行止

❷車両通行止め

❸二輪の自動車・原動機付自転車通行止め

❹車両(組合せ)通行止め

❺自動車専用

❻自転車専用

❼歩行者専用

歩行者専用の標識のあるところでも、許可を受けた車は通行することができる。

問44 □ □

他の車に追い越されるときは、追い越しが終わるまで加速しないようにする。

問45 □ □

図８のような場合は、Ａの車が先に交差点に入っていても、Ｂの車の進行を妨げてはいけない。

図８

B

A

問46 □ □

夜間、道路を通行するとき、市街地などで50メートル前方が確認できるような道路照明がある場合は、灯火をつけなくてもよい。

問47

時速30キロメートルで進行しています。後続車があり、前方にタクシーが走行しているときは、どのようなことに注意して運転しますか？

□ □ （1）人が手を上げているため、タクシーは急に止まると思われるので、その側方を加速して通過する。

□ □ （2）急に減速すると、後続車に追突されるおそれがあるので、そのままの速度で走行する。

□ □ （3）タクシーは左折の合図を出しておらず、停止するとは思われないので、そのままの速度で進行する。

問48

時速30キロメートルで進行しています。どのようなことに注意して運転しますか？

□ □ （1）右の車が交差点に進入してくるかもしれないので、速度を落とし、注意して進行する。

□ □ （2）対向車が先に右折するかもしれないので、その動きに注意して進行する。

□ □ （3）左側の塀のかげから歩行者や車が出てくるかもしれないので、注意して進行する。

問44 ○ 他の車に追い越されるときは、追い越しが終わるまで速度を上げてはいけません。

問45 ○ 右折する車は、たとえ先に交差点に入っていても、直進する車の進行を妨げてはいけません。

問46 ✕ たとえ道路照明があっても、夜間は灯火をつけて運転しなければなりません。

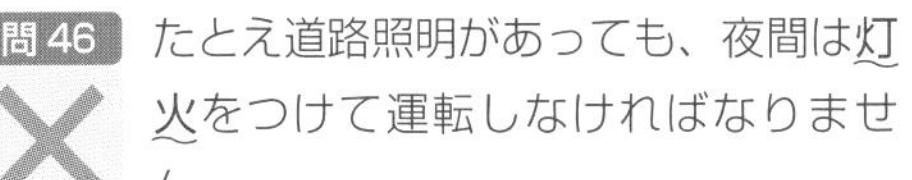

P.49

問47

タクシーの動向と後続車の有無（うむ）に注目！

人が手を上げているので、タクシーが急停止するおそれがあります。後続車に注意しながら速度を落とし、タクシーの動向に注意しましょう。

（1）✕ タクシーは客を乗せている場合があり、急に止まるとは限りません。

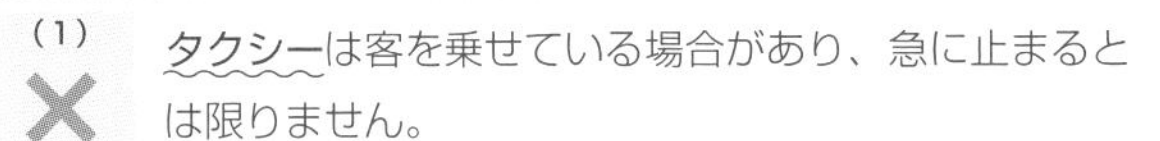

（2）✕ 前のタクシーが急に減速して、追突するおそれがあります。

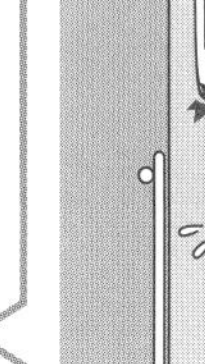

（3）✕ タクシーは、客を乗せるために急に止まるおそれがあります。

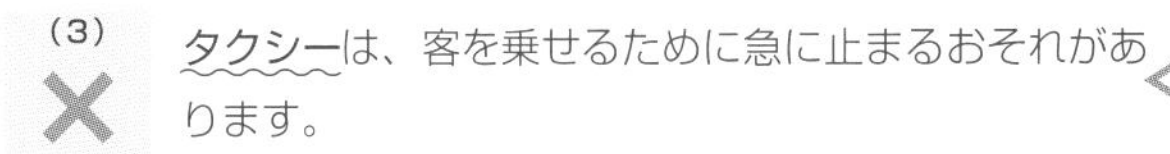

問48

対向車の動向とブロック塀（べい）のかげに注目！

対向車や右側の車の動きに気をとられていると、ブロック塀のかげから車が飛び出してくるおそれがあります。危険の要素は１つとは限りません。

（1）○ 右の車に注意しながら、速度を落として進行します。

（2）○ 対向車の右折に注意して進行します。

（3）○ 歩行者などの急な飛び出しに注意して進行します。

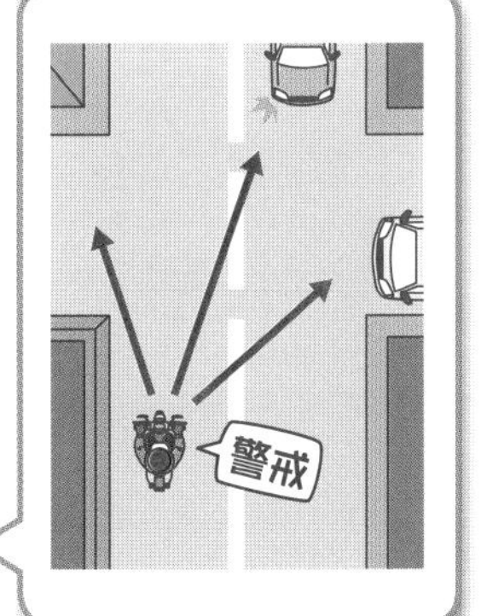

問1～48を読み、正しいものは「○」、誤っているものは「×」と答えなさい。配点は問1～46が各1点、問47・48が各2点（3問とも正解の場合）。

制限時間

30分

合格点

45点以上

問1 □□

消火栓や防火水槽などのある消防用施設から5メートル以内には、原動機付自転車を駐車してはならない。

問2 □□

エンジンをかけていても、原動機付自転車を押して歩くときは歩行者と見なされる。

問3 □□

図1の標識のある交差点で右折しようとする原動機付自転車は、二段階の方法をとらなければならない。

図1

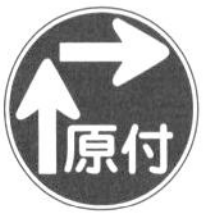

原付

問4 □□

止まっている通学・通園バスのそばを通るときは、必ず一時停止して安全を確かめなければならない。

問5 □□

「初心者マーク」をつけて走行している普通自動車の運転者は、運転経験の浅い人であるから、運転を妨害しないように注意することが求められる。

問6 □□

信号機の信号が黄色の灯火を表示しているときは、どんな場合も停止位置を越えて進んではいけない。

問7 □□

道路の曲がり角付近であっても、見通しがよければ追い越しをしてもよい。

問8 □□

原動機付自転車は、路線バス等の専用通行帯を通行してもよい。

問9 □□

図2の標識は、どちらも本標識が示す規制の終わりを表している。

図2

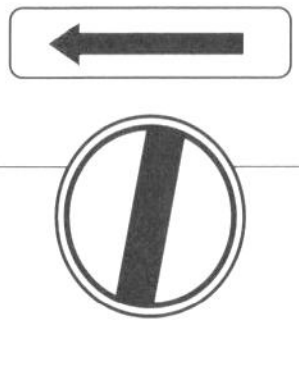

問10 □□

ブレーキペダルのあそびは、少しでもあると危険である。

を右ページに当て、解いていこう。重要語句もチェック！

正解	ポイント解説	
問1 ○	設問の場所は駐車禁止場所に指定されているので、駐車をしてはいけません。	P.45 暗記項目 42
問2 ×	原動機付自転車のエンジンを切らなければ、押して歩いても歩行者と見なされません。	
問3 ○	図1は「原動機付自転車の右折方法（二段階）」を表し、原動機付自転車は二段階右折しなければなりません。	P.39 
問4 ×	必ずしも一時停止する必要はなく、徐行して安全を確かめます。	
問5 ○	初心者マークをつけている普通自動車の通行を、妨害しないように運転しましょう。	P.30 
問6 ×	黄色の灯火信号でも、停止位置で安全に停止できないときは、そのまま進むことができます。	P.17 暗記項目 12
問7 ×	たとえ見通しがよくても、道路の曲がり角付近では、追い越しをしてはいけません。	P.36 
問8 ○	原動機付自転車、小型特殊自動車、軽車両は、専用通行帯を通行することができます。	P.31 
問9 ○	いずれも「規制の終わり」を示す補助標識です。	P.15 
問10 ×	ブレーキペダルには、適度なあそびが必要です。	P.11 

重要交通ルール解説

駐車禁止場所

❶「駐車禁止」の標識や標示（下記）がある場所

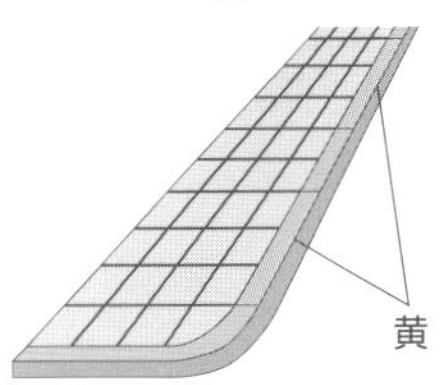

❷火災報知機から1メートル以内の場所

❸駐車場、車庫などの自動車用の出入口から3メートル以内の場所

❹道路工事の区域の端から5メートル以内の場所

❺消防用機械器具の置場、消防用防火水槽、これらの道路に接する出入口から5メートル以内の場所

❻消火栓、指定消防水利の標識（下記）が設けられている位置や、消防用防火水槽の取入口から5メートル以内の場所

問11

□□

原動機付自転車で歩行者のそばを通るときは、歩行者との間に安全な間隔(かんかく)をあけるか、徐行(じょこう)しなければならない。

問12

□□

信号待ちをしていて、信号が青色になったときは、「進め」という命令を意味するから、ただちに発進しなければならない。

問13

□□

車いすで通行している人がいる場合は、警音器(けいおんき)を鳴らして注意を与えるようにする。

問14

□□

安全な車間距離とは、停止距離と同じ程度の距離である。

問15

□□

警察官が交差点で図３のように灯火(とうか)を横に振っているとき、矢印方向の交通には、信号機の青色の灯火信号と同じ意味である。

図3

問16

□□

停留所で止まっている路面電車に乗り降りする人がいても、安全地帯がある場合は、徐行しないで通過することができる。

問17

□□

原動機付自転車に荷物を積むとき、その高さは地上から２メートル以下、重量は30キログラム以内にしなければならない。

問18

□□

運転中は、その車を運転できる運転免許証を携帯していなければならない。

問19

□□

原動機付自転車でほかの車をけん引(いん)するときの法定速度は、時速30キロメートルである。

問20

□□

図４の標識は登坂(とはん)車線を表し、原動機付自転車や荷物を積んだ遅い車などが通行することができる。

図4

登坂車線
SLOWER TRAFFIC

問21

□□

横断歩道や自転車横断帯にさしかかったとき、横断する歩行者や自転車がいるかいないか明らかでないときは、いつでも停止できるように減速して接近しなければならない。

問11 ○
歩行者の通行を考え、安全な間隔をあけるか、徐行しなければなりません。
P.29 暗記項目 23

問12 ×
青色の信号は、「進め」という命令ではありません。安全を確かめてから進むことができます。
ここで覚える!

問13 ×
警音器は鳴らさずに、一時停止か徐行をして、車いすの人が安全に通行できるようにします。
P.30 暗記項目 25

問14 ○
前車が急に止まっても、追突(ついとつ)しない程度の車間距離が必要です。

問15 ○
警察官の正面(背面(はいめん))に平行する方向の交通に対しては、青色の灯火信号と同じ意味を表します。
P.17

問16 ×
安全地帯がある場合でも、徐行しなければなりません。
P.29 暗記項目 23

問17 ○
原動機付自転車の積載(せきさい)制限は、高さが地上から2メートル以下、重量は30キログラム以内です。
P.10

問18 ○
運転中は、つねに免許証を携帯します。携帯しないと「免許証不携帯」違反になります。

問19 ×
原動機付自転車でけん引するときの法定速度は、時速25キロメートルです。

問20 ○
「登坂車線」は、速度が遅い原動機付自転車などが通行できる車線です。

問21 ○
横断する歩行者や自転車の有無(うむ)が明らかでないときは、いつでも停止できるように、速度を落として進行します。

重要交通ルール解説

歩行者などのそばを通るとき

歩行者や自転車との間に安全な間隔をあける。

安全な間隔をあけられないときは徐行する。

重要交通ルール解説

停留所で停止中の路面電車がいるとき

❶原則

後方で停止し、乗降客や横断する人がいなくなるまで待つ。

❷例外(徐行して進めるとき)

安全地帯があるときや、安全地帯がなく乗降客がいない場合で、路面電車との間に1.5メートル以上の間隔がとれるときは、徐行して進める。

問22 □□
徐行とは、走行中の速度を半分ぐらいに落として進行することをいう。

問23 □□
警察官や交通巡視員が交差点以外の道路で手信号をしているときの停止位置は、その警察官や交通巡視員の１メートル手前である。

問24 □□
長い下り坂では、ガソリンを節約するため、エンジンを止め、ギアをニュートラルにして、前後輪ブレーキを使用したほうがよい。

問25 □□
急に暗くなると視力が低下して見えにくくなるが、急に明るくなっても視力には影響がない。

問26 □□
運転するときは、運転免許証を携帯しなければならないが、強制保険の証明書は家に保管しておいたほうがよい。

問27 □□
図５の標示のあるところで、道路の右側部分にはみ出して追い越しをしてはいけないのは、Ａを通行する車である。

図5
中央線
A
B

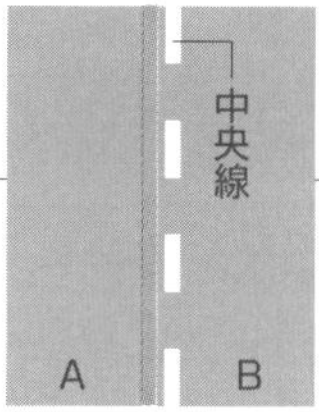

問28 □□
交通整理の行われていない幅が同じような道路の交差点では、車は左方から来る車の進行を妨げてはならない。

問29 □□
道路に面した場所に出入りするために歩道や路側帯を横切る場合、歩行者が通行していないときは一時停止をする必要はなく、徐行して通れる。

問30 □□
事故を起こしたら、負傷者を救護する前に警察へ連絡する。

問31 □□
二輪車の正しいブレーキのかけ方は、エンジンブレーキを効かせながら、前後輪ブレーキを同時に操作する。

問32 □□
夜間、対向車と行き違うときは、前照灯を下向きに切り替えるか、減光しなければならない。

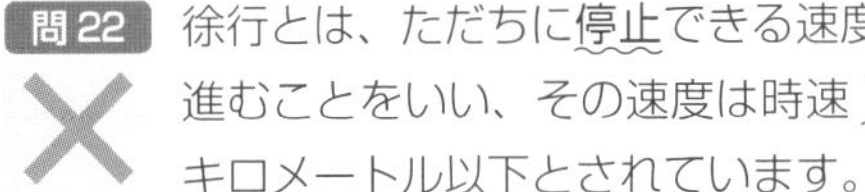

問22 ×

徐行とは、ただちに停止できる速度で進むことをいい、その速度は時速10キロメートル以下とされています。

P.22 暗記項目17

問23 ○

設問の場合の停止位置は、警察官や交通巡視員の1メートル手前です。

問24 ×

エンジンは止めずに、低速ギアを用いてエンジンブレーキを活用します。

P.41 暗記項目38

問25 ×

明るさが急に変わると、いずれの場合も、視力は一時急激に低下します。

P.10 暗記項目6

問26 ×

免許証は携帯し、自賠責（じばいせき）保険などの証明書は車に備えつけておかなければなりません。

P.9 暗記項目1

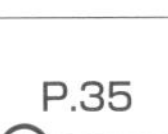

問27 ○

黄色の線が引かれたAを通行する車は、道路の右側部分にはみ出して追い越しをしてはいけません。

P.35 暗記項目31

問28 ○

設問のような交差点では、左方から来る車の進行を妨げてはいけません。

P.40 暗記項目36

問29 ×

歩道や路側帯を横切るときは、歩行者の有無（うむ）にかかわらず、一時停止をしなければなりません。

P.25 暗記項目19

問30 ×

まず車を移動するなど事故の続発（ぞくはつ）を防止し、負傷者を救護したあとに、警察官に事故報告します。

P.50 暗記項目49

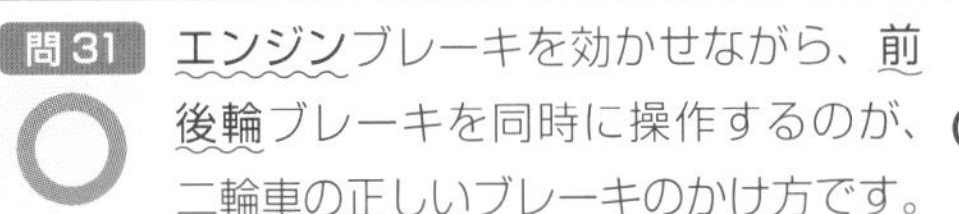

問31 ○

エンジンブレーキを効かせながら、前後輪ブレーキを同時に操作するのが、二輪車の正しいブレーキのかけ方です。

P.21 暗記項目16

問32 ○

対向車の運転者の目がくらまないように、前照灯を下向きに切り替えるか、減光しなければなりません。

P.49 暗記項目46

重要交通ルール解説

交通事故のときの処置

❶続発事故の防止

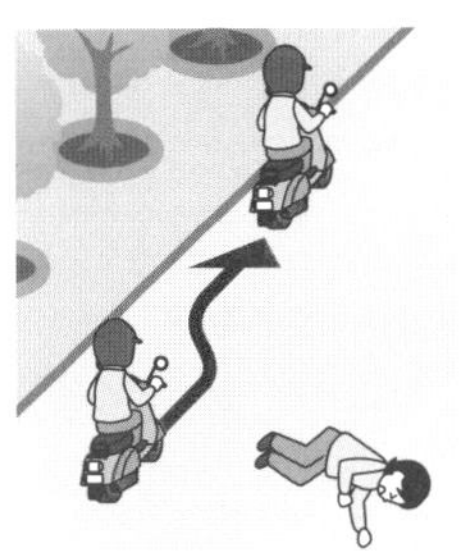

他の交通の妨げにならないような場所に車を移動し、エンジンを止める。

❷負傷者の救護

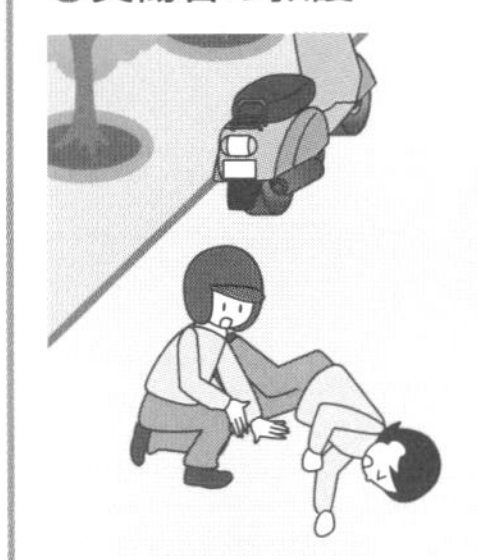

負傷者がいる場合は、ただちに救急車を呼ぶ。救急車が到着するまでの間、可能な応急救護処置を行う。

❸警察官への事故報告

事故が発生した場所や状況などを警察官に報告する。

問33 □□
図6の標識がある道路でも、右側部分にはみ出さなければ追い越しをすることができる。

図6

追越し禁止

問34 □□
交差点付近以外を通行中、緊急（きんきゅう）自動車が近づいてきたので、道路の左側に寄って進路を譲（ゆず）った。

問35 □□
同一方向に進行しながら進路を変更するときは、合図と同時にすみやかに行う。

問36 □□
踏切にある信号機の信号が青色のときは、安全を確かめ、一時停止しないで通行することができる。

問37 □□
車両通行帯のある道路では、車線をしばしば変更すると後続車の迷惑（めいわく）になり、事故の原因になるので、できる限り進路変更しないで進行する。

問38 □□
信号機が赤色の灯火（とうか）の点滅を表示している場合、車は停止位置で一時停止しなければならない。

問39 □□
図7の標識がある区間内の見通しのよい交差点では、警音器（けいおんき）を鳴らす必要はない。

図7

問40 □□
原動機付自転車を運転中、大地震が発生したときは、安全な方法で停止して、車を道路外に移動させる。

問41 □□
右折や転回、または右に進路変更するときの二輪車の手による合図は、左腕を垂直に上に曲げる。

問42 □□
一方通行の道路から左折するときは、あらかじめ道路の左端に寄り、交差点の側端（そくたん）に沿って徐行しなければならない。

問43 □□
走行中の車に働く遠心力（えんしんりょく）は、カーブの半径が小さいほど小さくなる。

問33
×
「追越し禁止」の標識は、右側部分にはみ出す、はみ出さないにかかわらず、追い越しが禁止されています。
P.35 暗記項目31

問34
○
交差点付近以外では、とくに徐行（じょこう）などの必要はなく、道路の左側に寄って緊急自動車に進路を譲ります。
P.31 暗記項目27

問35
×
進路変更の合図は、進路を変えようとする約3秒前に行います。
P.26 暗記項目21

問36
○
一時停止する必要はなく、安全を確認して青信号に従って通行できます。
P.40 暗記項目37

問37
○
みだりに進路変更すると事故の原因になるので、できる限り同一の車線を通行します。
ここで覚える!

問38
○
赤色の点滅信号では、一時停止して、安全を確かめてから進行します。

P.17 暗記項目12

問39
○
「警笛区間（けいてき）」内で警音器を鳴らすのは、見通しの悪い「交差点、道路の曲がり角、上り坂の頂上」です。
P.25 暗記項目20

問40
○
急ブレーキなどを避（さ）けて停止し、できるだけ道路外に止めるようにします。

P.50 暗記項目48

問41
○
右折や転回、右に進路変更するときの手による合図は、左腕を垂直に上に曲げます。

P.26 暗記項目21

問42
○
一方通行の道路でも、対面通行と同様に、あらかじめ道路の左端に寄ってから左折します。

P.39 暗記項目33

問43
×
遠心力は、カーブの半径が小さい（急になる）ほど大きくなります。

P.10 暗記項目6

重要交通ルール解説

追い越し禁止場所

❶「追越し禁止」の標識（下記）がある場所

追越し禁止

❷道路の曲がり角付近

❸上り坂の頂上付近

❹こう配の急な下り坂

❺トンネル（車両通行帯がある場合を除く）

❻交差点と、その手前から30メートル以内の場所（優先道路を通行している場合を除く）

❼踏切と、その手前から30メートル以内の場所

❽横断歩道や自転車横断帯と、その手前から30メートル以内の場所

※「追越しのための右側部分はみ出し通行禁止」の標識・標示

標識

A B 中央線 黄
標示

道路の右側部分にはみ出す追い越しが禁止されている。

第5回 実戦模擬テスト

問44 □□

右折や転回をするときの合図は、その行為をしようとするときの約３秒前から行う。

問45 □□

図８の標示は、自転車専用道路を表している。

図８

問46 □□

原動機付自転車でカーブを通過するときは、ハンドルを切るのではなく、車体を曲がる方向に傾（かたむ）ける要領で行う。

問47

時速30キロメートルで進行しています。後続車が追い越しをしようとしているときは、どのようなことに注意して運転しますか？

□□ (1)後続車は前の車との間に入ってくるので、やや加速して前の車との車間距離をつめて進行する。

□□ (2)対向車が近づいており、追い越しは危険なので、やや加速して右側に寄り、追い越しをさせないようにする。

□□ (3)対向車が近づいており、後続車は自分の車の前に入ってくるかもしれないので、速度を落とし、前の車との車間距離をあける。

問48

時速30キロメートルで進行しています。交差点を直進するときは、どのようなことに注意して運転しますか？

□□ (1)交差点の右方向は、左側のミラーで確認できるので、停止線の直前で止まったあとは、ミラーだけを注視しながら通過する。

□□ (2)左側の植え込みの間に歩行者が見えており、交差点の見通しも悪いので、一時停止して安全を確認する。

□□ (3)左側の植え込みの間に見える歩行者は、自分の車を待つと思われるので、そのままの速度で通行する。

問44
×
右折や転回の合図は、右折や転回しようとする地点から30メートル手前で行います。

P.26

問45
×
図8の標示は、「自転車専用道路」ではなく、「自転車横断帯」を表しています。

問46
〇
ハンドルを切るのではなく、車体を曲がる方向に傾けてバランスをとります。

P.41

問47

対向車と後続車の動向に注目！

後続車が追い越しを始め、自車の前方に割り込んでくるおそれがあります。速度を落とし、前車との車間距離をとりましょう。

(1)

後続車の行き場がなくなり、対向車と衝突するおそれがあります。

(2)

左側に寄って、安全に追い越しができるようにします。

(3)

後続車の動向を考え、速度を落とし、前車との車間距離をあけます。

問48

歩行者の行動とブロック塀のかげに注目！

左側の歩行者が自車の存在に気づかずに横断し、衝突するおそれがあります。カーブミラーをよく見て、右からの交通の有無も確認しましょう。

(1)

交差点の左側から歩行者が出てくるおそれがあります。

(2)

歩行者の動きに注意しながら、一時停止して安全を確かめます。

(3)

歩行者が待ってくれるとは限らないので、一時停止して、歩行者の動きに注意します。

問1～48を読み、正しいものは「○」、誤っているものは「×」と答えなさい。配点は問1～46が各1点、問47・48が各2点（3問とも正解の場合）。

問1 □□
盲導犬を連れて歩いている人のそばを通行するときは、その人との間に1メートル以上の間隔をあければよい。

問2 □□
後ろから来る車が急ブレーキや急ハンドルで避けなければならないような場合には、進路変更をしてはならない。

問3 □□
図1の標識は「指定方向外進行禁止」を表し、交差点で右折も左折もしてはならない。

図1

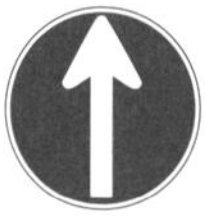

問4 □□
光化学スモッグ警報が発令されたときは、たとえ原動機付自転車でも運転を控えるようにする。

問5 □□
トンネルの中を通行するときは、対向車と衝突しないように、右側の方向指示器をつけて運転するのがよい。

問6 □□
道路工事の区域の端から5メートル以内の場所は、駐車も停車もすることができない。

問7 □□
交差点の前方が交通渋滞で混雑しているときは、信号機が青色の灯火を表示していても、交差点に入ってはならない。

問8 □□
運転中に交通事故を目撃しても、関係がなければじゃまになるだけなので、負傷者の救護などに協力すべきではない。

問9 □□
図2の標識は、この先に学童用の横断歩道があることを表している。

図2

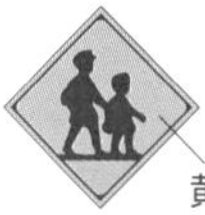

黄

問10 □□
急発進や急ブレーキは、余分な燃料を消費することになるので避けるべきである。

を右ページに当て、解いていこう。重要語句もチェック！

正解	ポイント解説	
問1 ×	一時停止か徐行(じょこう)をして、盲導犬を連れている人が安全に通行できるようにしなければなりません。	P.30 暗記項目25 
問2 ○	後続車の進行を妨(さまた)げるような場合は、進路変更をしてはいけません。	 ここで覚える!
問3 ○	図1は「指定方向外進行禁止」を表し、直進しかできません。	 ここで覚える!
問4 ○	光化学スモッグ警報が発令されたら、原動機付自転車の運転も控えます。	 ここで覚える!
問5 ×	進路変更などをしないのに、方向指示器をつけて走行してはいけません。	 ここで覚える!
問6 ×	道路工事の区域の端から5メートル以内は駐車禁止場所ですが、停車は禁止されていません。	P.45 暗記項目42 
問7 ○	そのまま進むと交差点内で止まってしまう状況のときは、交差点に進入してはいけません。	 ここで覚える!
問8 ×	負傷者の救護には、率先(そっせん)して協力するようにします。	 ここで覚える!
問9 ×	図2は「学校、幼稚園、保育所などあり」の警戒標識で、横断歩道ではありません。	P.15 暗記項目9 
問10 ○	急発進や急ブレーキは、余分な燃料を消費するとともに、騒音(そうおん)などで他人に迷惑(めいわく)をかけることにもなります。	 ここで覚える!

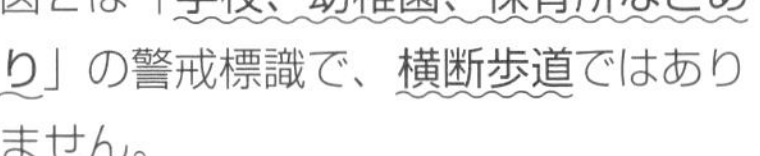

重要交通ルール解説

意味を間違いやすい警戒標識

❶学校、幼稚園、保育所などあり

この先に学校、幼稚園、保育所などがあることを表す。「横断歩道」と図柄が似ている点に注意。

❷T形道路交差点あり

この先にT形道路の交差点があることを表す。この先が行き止まりであることを意味するものではない。

❸幅員減少（上）と車線数減少（下）

「幅員減少」は、この先の道路の幅が狭くなることを表し、「車線数減少」は、この先の道路で車線数が減少することを表す。図柄が似ているので間違えないように注意。

問11 □ □
信号機のない踏切でも、警報機が鳴っていないときは、安全を確認すれば一時停止しないで進行することができる。

問12 □ □
雪道など滑りやすい道路を原動機付自転車で通行するときは、できるだけ一定の速度でハンドルを切らず、低速で走ったほうがよい。

問13 □ □
原動機付自転車に積載できる荷物の幅の制限は、荷台から左右にそれぞれ 0.3 メートルまでである。

問14 □ □
霧が出て見通しが悪かったので、前照灯を上向きにして走行した。

問15 □ □
図３の標識のあるところでは、自動車は駐車することができないが、原動機付自転車であれば駐車することができる。

図３

問16 □ □
白線１本の、幅が 0.75 メートルを超える路側帯のある道路では、路側帯に入って駐車することができる。

問17 □ □
酒を飲んで自動車を運転してはならないが、原動機付自転車であれば少量の酒を飲んで運転してもよい。

問18 □ □
原動機付自転車を押して歩道を歩くときは、エンジンを止めなければならない。

問19 □ □
こう配の急な下り坂や上り坂の頂上付近は、追い越し禁止場所であるとともに、徐行すべき場所でもある。

問20 □ □
図４の標示は、「転回禁止区間の終わり」であることを表している。

図４

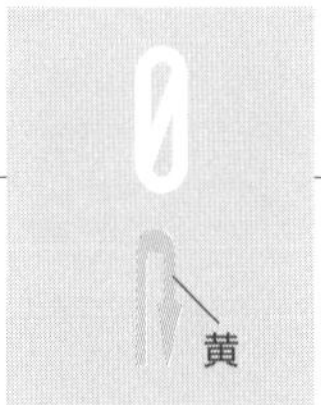

黄

問21 □ □
前車を追い越す場合、前車が右折するために道路の中央に寄って通行しているときは、その左側を通行することができる。

問11 ×

踏切を通過するときは、青信号に従う場合を除き、一時停止しなければなりません。

P.40 暗記項目 37

問12 ○

雪道は滑りやすいので、急発進や急ブレーキを避(さ)け、できるだけ低速で走行します。

P.49 暗記項目 47

問13 ×

荷物の幅の制限は、荷台から左右にそれぞれ 0.15 メートル以下です。

P.10 暗記項目 5

問14 ×

前照灯を上向きにすると、光が霧に乱反射してかえって見えづらくなるので、下向きにします。

P.49 暗記項目 47

問15 ×

「駐車禁止」の標識のあるところでは、原動機付自転車でも駐車してはいけません。

P.45 暗記項目 42

問16 ○

路側帯の中に入り、歩行者の通行のため、0.75 メートル以上の余地(よち)をあけて駐車します。

P.46

問17 ×

たとえ少量でも、酒を飲んだら原動機付自転車を運転してはいけません。

P.9

問18 ○

二輪車のエンジンを止めて押して歩かないと、歩行者と見なされません。

問19 ○

設問の場所は、追い越し禁止場所であるとともに、徐行すべき場所でもあります。

問20 ○

図4の白色の標示は「終わり」を表します。

P.16

問21 ○

前車を追い越すときは右側を通行するのが原則ですが、設問の場合は左側を通行します。

重要交通ルール解説

追い越しの方法

❶車を追い越すとき

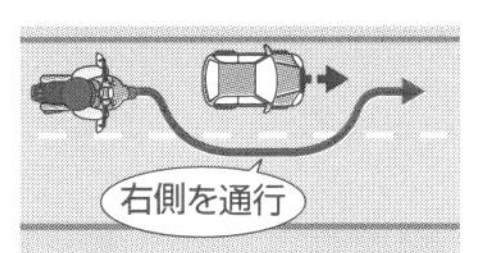

前の車を追い越すときは、原則としてその右側を通行する。

※左側を通行する例外

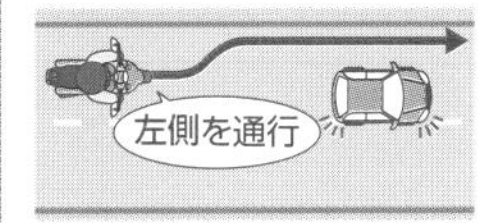

前の車が右折するため道路の中央（一方通行路では右端）に寄って通行しているときは、その左側を通行する。

❷路面電車を追い越すとき

路面電車を追い越すときは、原則としてその左側を通行する。

※右側を通行する例外

軌道が道路の左端に寄って設けられているときは、その右側を通行する。

問22 □□
道路の左側部分の幅が6メートル以上あっても、追い越し禁止区間でなければ、道路の中央から右側部分にはみ出して追い越しをしてもよい。

問23 □□
踏切で遮断機が下り始めていたが、急げば通過できそうだったので一気に通過した。

問24 □□
他の車に幅寄せしたり、その前に急に割り込んだりしてはならない。

問25 □□
原動機付自転車で歩行者の側方を通過するときは、安全な間隔をあけるか徐行をして、歩行者の安全を図らなければならない。

問26 □□
環状交差点に入るときは合図を行わないが、出るときは合図を行う。

問27 □□
警察官が図5の手信号をしているとき、矢印の方向に進行する交通に対しては、信号機の黄色の灯火信号と同じ意味である。

図5

問28 □□
原動機付自転車に荷物を積むときは、方向指示器やナンバープレートが見えなくなるような積み方をしてはならない。

問29 □□
一方通行となっている道路では、道路の中央から右の部分にはみ出して通行することができるが、はみ出し方をできるだけ少なくしなければならない。

問30 □□
原動機付自転車は、自動車専用道路を通行してもよい。

問31 □□
急停止しようとしてブレーキを強くかけると、車輪がロックしてスリップを起こし、かえって停止距離が長くなる。

問32 □□
対面する信号機が黄色の灯火の点滅を表示しているとき、車は他の交通に注意して進行することができる。

問22 ×

右側部分にはみ出して追い越しができるのは、片側の幅が6メートル未満の道路です。

P.25 暗記項目 18

問23 ×

遮断機が下り始めていたら、踏切を通過してはいけません。

P.40 暗記項目 37

問24 ○

側方への幅寄せや前方への割り込みは、してはいけません。

問25 ○

歩行者のそばを通るときは、安全な間隔をあけるか、徐行しなければなりません。

P.29

問26 ○

環状交差点は、出るときに合図を行います。

P.26

問27 ○

腕を頭上に上げた警察官の身体の正面に平行する交通は、黄色の灯火信号と同じ意味を表します。

P.17

問28 ○

方向指示器やナンバープレートが見えなくなるような荷物の積み方をしてはいけません。

問29 ×

一方通行の道路では、はみ出し方を最小限にする必要はなく、右側の部分を通行できます。

P.25

問30 ×

原動機付自転車は、自動車専用道路を含む高速道路を通行してはいけません。

問31 ○

急ブレーキをかけると、かえって停止距離が長くなってしまいます。

問32 ○

黄色の点滅信号に対面した車は、他の交通に注意して進行することができます。

P.17

重要交通ルール解説

踏切を通過するときの注意点

❶遮断機が下り始めているとき、警報機が鳴っているとき

踏切に入ってはいけない。

❷踏切に信号機があるとき

その信号に従う。青信号のときは、一時停止する必要はなく、安全を確かめて通過できる。

❸踏切を通過するとき

落輪しないように、踏切のやや中央寄りを通過する。

❹踏切内では

歩行者や対向車に注意して通過する。

問33
□□
図6の標識のあるところでは、大型自動二輪車や普通自動二輪車は通行できないが、原動機付自転車は通行することができる。

図6

問34
□□
原動機付自転車は、乗車装置（そうち）があれば2名まで乗車することができる。

問35
□□
同一方向に進行しながら進路を右方へ変える場合の合図は、進路を変えようとする地点から30メートル手前に達したときに行う。

問36
□□
原動機付自転車を運転中、後続車に追い越されそうになったので、制限速度の範囲内で加速した。

問37
□□
強制保険に加入していない原動機付自転車を運転しても、事故を起こすとは限らないから、とくに違反にはならない。

問38
□□
原動機付自転車を運転して、見通しの悪い曲がり角にさしかかったので、警音器（けいおんき）を鳴らして通過した。

問39
□□
図7の標示は、普通自転車がこの標示を越えて交差点に進入してはいけないことを表している。

図7

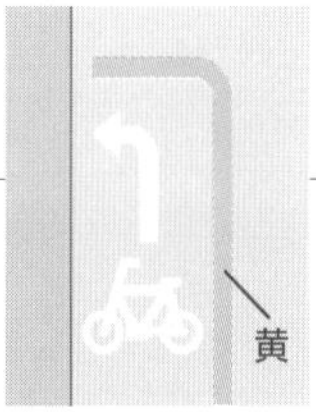

問40
□□
こう配（ばい）の急な坂は、上りも下りも駐停車が禁止されている。

問41
□□
夜間、対向車のライトと自分の車のライトが重なる道路の中央付近の障害物は、はっきりと見えるものである。

問42
□□
白や黄色のつえを持っている人が通行しているときは、一時停止か徐行（じょこう）をして、その通行を妨（さまた）げてはならない。

問43
□□
交差点を信号機の信号に従って通行するときは、とくに他の車や歩行者などに注意する必要はない。

問33 ×

図6は「二輪の自動車・原動機付自転車通行止め」を表し、原動機付自転車も通行できません。

ここで覚える!

問34 ×

乗車装置があっても、原動機付自転車の乗車定員は運転者の1名だけです。

P.10 暗記項目 5

問35 ×

進路変更の合図は、進路を変えようとする約3秒前に行わなければなりません。

P.26 暗記項目 21

問36 ×

後続車に追い越されるときは、速度を上げてはいけません。

ここで覚える!

問37 ×

強制保険に加入していない原動機付自転車を運転すると、無保険運行の違反になります。

ここで覚える!

問38 ×

指定された場所と危険を防止するとき以外は、警音器を鳴らしてはいけません。

P.25 暗記項目 20

問39 ○

図7は「普通自転車の交差点進入禁止」を表します。

ここで覚える!

問40 ○

こう配の急な坂は、下りだけでなく、上りも駐停車禁止場所に指定されています。

P.45 暗記項目 43

問41 ×

自車と対向車のライトが交錯（こうさく）すると、歩行者などが見えにくくなる「蒸発（じょうはつ）現象」が起こることがあります。

P.49 暗記項目 46

問42 ○

一時停止か徐行をして、つえを持っている人が安全に通行できるようにしなければなりません。

P.30 暗記項目 25

問43 ×

信号に従っているときでも、他の車や歩行者などに十分注意して通行しなければなりません。

ここで覚える!

進路変更の制限

❶後続車が急ブレーキや急ハンドルで避けなければならないようなとき

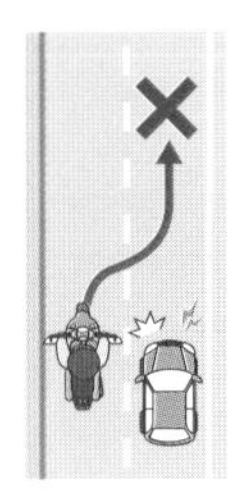

車は、進路変更してはいけない。

❷車両通行帯が黄色の線で区画されているとき

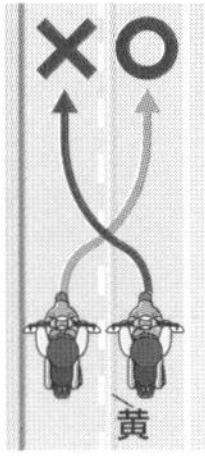

車は、黄色の線を越えて進路変更してはいけない。ただし、自分の通行帯側に白の区画線があれば、進路変更できる。

問44 □□ 正しい乗車姿勢(しせい)はその運転に反映し、危険な場合の対応が早くできるだけでなく、姿勢が自然体だと疲れも少ない。

問45 □□ 図8の標識のあるところを、原動機付自転車のエンジンを止め、押して歩いて通行した。

図8

通行止

問46 □□ 中央線が黄色の線で区画されていても、追い越しのためであれば、道路の中央から右側部分にはみ出して通行することができる。

問47 時速30キロメートルで進行しています。直進しようとしたら、前の車が急に左折の合図を出しました。どのようなことに注意して運転しますか？

□□ (1)トラックはすぐに左折すると思われ、後ろを走行するのは危険なので、トラックの右側に出てこのままの速度で進行する。

□□ (2)トラックが左折したあと、すばやく交差点を通過できるように速度を上げて進行する。

□□ (3)トラックが交差点の直前で止まっても右側に避(さ)けられるように、ハンドルを構えながらこのままの速度で進行する。

問48 時速30キロメートルで進行しています。自転車の人がときどき振り返って後方を気にしているときは、どのようなことに注意して運転しますか？

□□ (1)歩道と車道の間にガードレールがなく、自転車はすぐに横断を始めるおそれがあるので、減速してその動きに注意する。

□□ (2)自転車はどういう動きをするかわからないので、いつでもハンドルを切ってかわせるように構えて進行する。

□□ (3)自転車は自車を見ており、すぐに横断を始めることはないので、前の車との車間距離をつめる。

問 44 ○

正しい乗車姿勢は安全運転になるだけでなく、疲労の軽減（けいげん）にもつながります。

問 45 ×

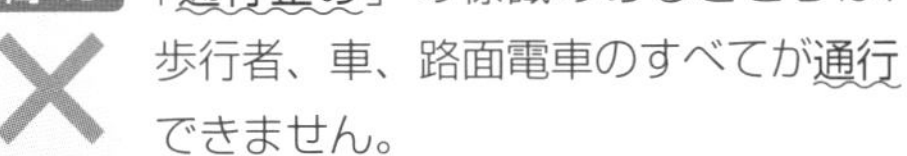

「通行止め」の標識のあるところは、歩行者、車、路面電車のすべてが通行できません。

P.16 暗記項目 11

問 46 ×

黄色の中央線は、「追越しのための右側部分はみ出し通行禁止」を表し、追い越しのためにはみ出せません。

P.35 暗記項目 31

問 47

対向車の有無（うむ）とトラックの積み荷に注目！

トラックの荷台には、長い荷物が積まれています。左折するときは、その積み荷が自車の進路をふさぎ、衝突（しょうとつ）するおそれがあります。

(1) ×

交差点付近で追い越しを始めてはいけません。

(2) ×

トラックの積み荷が自車の進路の前方をふさぐおそれがあります。

(3) ×

トラックが急停止して追突（ついとつ）するおそれがあります。

問 48

歩道を通行する自転車の動向に注目！

自転車は後方を振り返って、道路を横断するタイミングを図っているようです。急な横断に備え、速度を落として進行しましょう。

(1) ○

自転車が横断を開始しても対応できるように、速度を落とします。

(2) ×

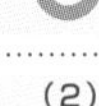

ハンドルでかわすのではなく、速度を落として急な行動に備えます。

(3) ×

自転車はこちらを見ていても、すぐに横断を開始することがあります。

問1～48を読み、正しいものは「○」、誤っているものは「×」と答えなさい。配点は問1～46が各1点、問47・48が各2点（3問とも正解の場合）。

問1 □□
前方の道路の状況により、横断歩道上で停止するおそれがあるときは、その手前で停止しなければならない。

問2 □□
運転者が疲れているときは、危険を認知して判断するまでに時間がかかるので、空走距離（くうそう）が長くなる。

問3 □□
図1の標識のあるところでは、駐車をしてはならないが、停車ならすることができる。

図1

問4 □□
車両通行帯のない道路では、車は必ずしも道路の左側に寄って通行しなくてもよい。

問5 □□
警察官が「止まれ」の手信号をしていたが、前方の信号機が青色を示していたので、他の交通に注意して進行した。

問6 □□
速度が2倍になると、制動距離（せいどう）も2倍になる。

問7 □□
安全地帯の左側部分とその前後の端から10メートル以内の部分は、駐車も停車も禁止されている。

問8 □□
進路の前方に障害物があったので、あらかじめ一時停止して反対方向からの車に道を譲（ゆず）った。

問9 □□
原動機付自転車は、図2の標示内に入って駐停車してはいけない。

図2

路側帯
車道

問10 □□
車の右側の道路上に3.5メートル以上の余地（よち）がとれないところでも、自動二輪車や原動機付自転車は駐車してかまわない。

を右ページに当て、解いていこう。重要語句もチェック！

正解 **ポイント解説**

問1 ○

前方の道路が渋滞などにより混雑しているときは、横断歩道の手前で停止します。

問2 ○

運転者が疲れているときは、正常なときに比べ、空走距離が長くなります。

問3 ×

図1は「駐停車禁止」を表し、駐車も停車もしてはいけません。

問4 ×

車両通行帯のない道路でも、車は道路の中央より左の部分の、左側に寄って通行しなければなりません。

問5 ×

信号機の信号と警察官の手信号が違う場合は、警察官の手信号に従います。

問6 ×

制動距離は速度の二乗に比例するので、速度が2倍になると制動距離は4倍になります。

問7 ○

設問の場所は、駐停車禁止場所に指定されています。

問8 ○

前方に障害物がある場合は、あらかじめ一時停止か減速をして、反対方向の車に道を譲ります。

問9 ○

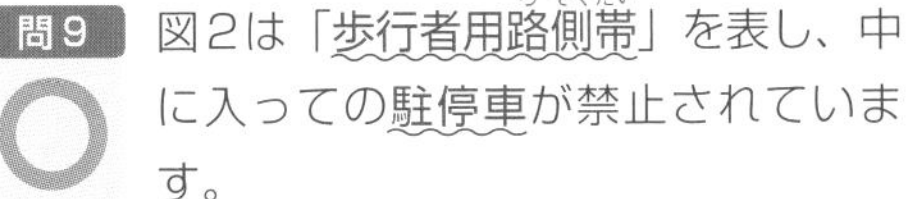
図2は「歩行者用路側帯」を表し、中に入っての駐停車が禁止されています。

問10 ×

右側の道路上に3.5メートル以上の余地がとれないところでは、原則として駐車できません。

10メートル以内での駐停車が禁止されている場所

❶踏切と、その端から前後10メートル以内の場所

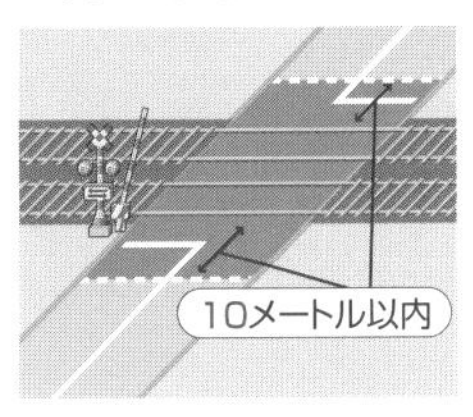

❷安全地帯の左側と、その前後10メートル以内の場所

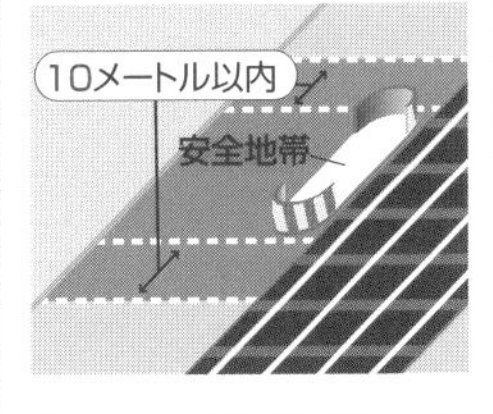

❸バス、路面電車の停留所の標示板（柱）から10メートル以内の場所（運行時間中に限る）

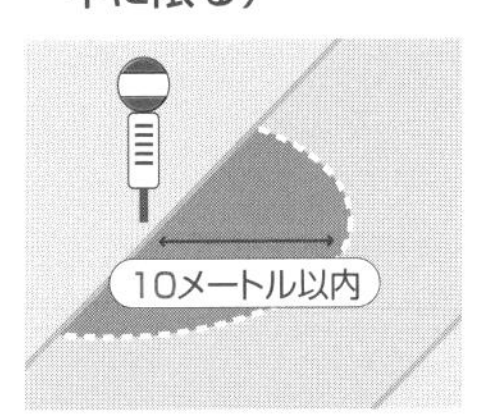

問11 □□
著しく他人に迷惑をおよぼすような騒音を生じさせる急発進、急加速などの運転行為をしてはならない。

問12 □□
前車の運転者が右腕を車の外に水平に出した場合は、後続車に対する「止まれ」の合図である。

問13 □□
後続車に急ブレーキを踏ませたり、急ハンドルを切らせたりするような状況のときは、進路を変えてはならない。

問14 □□
前方の信号が黄色や赤色の灯火であっても、黄色の灯火の矢印が表示されているときは、すべての車が矢印の方向へ進行することができる。

問15 □□
図3は、この先の道路の幅が狭くなることを表す警戒標識である。

図3

黄

問16 □□
停留所に停車している路線バスが、方向指示器で発進の合図をしていたので、急いで先に進んだ。

問17 □□
片側2車線のトンネル内で、原動機付自転車が安全を確認して前の車を追い越した。

問18 □□
発進するときは合図をし、前方だけでなく、後方からの車にも気をつける。

問19 □□
通学・通園バスのそばを通るときは、必ず一時停止をしなければならない。

問20 □□
図4の標識は、方面や方向の予告をして通行の便宜を図ろうとする案内標識である。

図4

日本橋
Nihonbashi
上馬
Kamiuma
大森
Omori
300m

問21 □□
原動機付自転車や自動二輪車を選ぶとき、両足のつま先が地面に届かないものは、大きすぎるので避けたほうがよい。

問11 ○

他人に迷惑をかける、設問のような運転をしてはいけません。

問12 ×

設問のような手による合図は、右折か転回、または右へ進路を変えることを表します。

問13 ○

後続車が急ブレーキをかけたり、急ハンドルで避(さ)けなければならないような進路変更はしてはいけません。

ここで覚える!

問14 ×

黄色の矢印信号に従って進行できるのは、路面電車だけです。

問15 ○

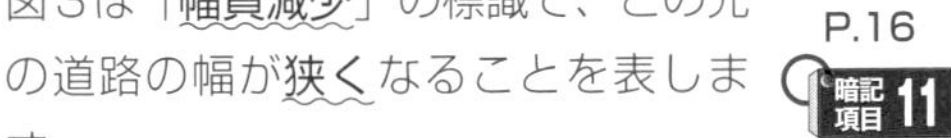

図3は「幅員減少(ふくいんげんしょう)」の標識で、この先の道路の幅が狭くなることを表します。

P.16 暗記項目 11

問16 ×

急ブレーキや急ハンドルで避(さ)けなければならない場合以外は、バスの発進を妨(さまた)げてはいけません。

問17 ○

トンネル内でも、車両通行帯がある場合は、追い越しはとくに禁止されていません。

問18 ○

発進するときは、とくに後方から進行してくる車に注意します。

問19 ×

必ずしも一時停止をする必要はなく、徐行(じょこう)をして児童や園児の飛び出しなどに注意します。

問20 ○

図4は、「方面及び方向の予告」を表す案内標識です。

問21 ○

両足が地面に届き、自由に押して歩ける大きさの二輪車を選びます。

重要交通ルール解説

矢印信号の意味

❶青色の矢印信号

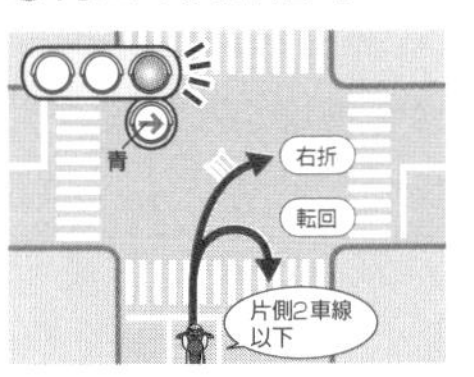

車（軽車両、二段階右折する原動機付自転車を除く）は、矢印の方向に進め、右矢印の場合、転回できる。

※右矢印の場合

軽車両と二段階右折する原動機付自転車は進めない。

❷黄色の矢印信号

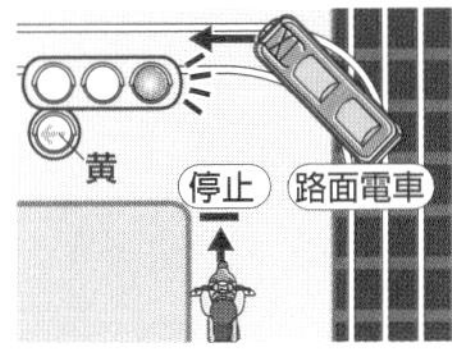

路面電車は、矢印の方向に進める。車は進行できない。

問22 □□
携帯電話の電源は、運転する前に切るなどして、運転中に呼出音が鳴らないようにしておく。

問23 □□
歩行者専用道路は、通行を許可された車は通行することができるが、歩行者に注意して徐行しなければならない。

問24 □□
危険を避けるためにやむを得ず急ブレーキをかけるとき以外は、ブレーキは数回に分けてかけるようにする。

問25 □□
走行中、タイヤがパンクしたときは、ハンドルを軽く握り、急ブレーキをかけて停止する。

問26 □□
原動機付自転車を押して歩いているときは、すべて歩行者と見なされる。

問27 □□
図5の標示は、二輪車と四輪車の駐車する場所を表している。

図5

問28 □□
小型特殊免許を受けていても、原動機付自転車を運転することはできない。

問29 □□
夜間はライトの範囲しか見えないので、車のすぐ前の下方を見て走行するのが安全である。

問30 □□
交差点付近を原動機付自転車で進行中、後方から緊急自動車が接近してきたので、交差点を避け、道路の左側に寄って一時停止した。

問31 □□
故障した車を継続的に停止しても、駐車にはならない。

問32 □□
踏切で踏切警手が「進め」の合図をしているときは、徐行して通過することができる。

問22 ○

携帯電話の呼出音が鳴ると運転に集中できなくなって危険なので、電源を切るか、ドライブモードにします。

問23 ○

とくに通行を認められた車でも、歩行者に注意しながら徐行しなければなりません。

P.25

問24 ○

ブレーキを数回に分けてかけると、タイヤのロックを防ぎ、後続車の追突(ついとつ)防止にも役立ちます。

P.21

問25 ×

ハンドルをとられやすいのでしっかりと握り、エンジンブレーキで速度を落とします。

P.50

問26 ×

エンジンをかけている場合や、他の車をけん引(いん)している場合は、歩行者と見なされません。

ここで覚える!

問27 ×

図5は「二段停止線」の標示で、二輪車と四輪車の停止する位置を表すものです。

問28 ○

小型特殊免許では、小型特殊自動車しか運転できません。

P.10

問29 ×

夜間は視線をできるだけ先のほうへ向け、少しでも早く前方の障害物を発見するようにします。

ここで覚える!

問30 ○

交差点付近で緊急自動車が接近してきたときは、交差点を避け、道路の左側に寄って一時停止して進路を譲(ゆず)ります。

P.31

問31 ×

故障車の継続的な停止は、駐車になります。

P.45

問32 ×

踏切警手が「進め」の合図をしていても、停止位置で一時停止して、安全を確認しなければなりません。

ここで覚える!

重要交通ルール解説

通行禁止場所の原則と例外

❶歩道・路側帯

自動車や原動機付自転車は、原則として歩道や路側帯を通行してはいけない。

※通行できる例外

道路に面した場所に出入りするために横切るときは通行できる（その直前で一時停止が必要）。

❷歩行者専用道路

車は、原則として歩行者専用道路を通行してはいけない。

※通行できる例外

沿道に車庫を持つなどを理由に許可を受けた車は通行できる（歩行者に注意して徐行が必要）。

問33 □□
図6の標識は、道路の幅が6メートル以上あれば駐車できることを表している。

図6
駐車余地6m

問34 □□
原動機付自転車に積載（せきさい）することができる荷物の高さは、地上から2メートルまでである。

問35 □□
カーブを曲がるとき、車は外側に飛び出そうとする特性があるので、カーブに入る前に早めにブレーキをかけて速度を落としておくことが大切である。

問36 □□
交通が混雑（こんざつ）していて方向指示器が見えないような状態のときは、手による合図もあわせて行うようにする。

問37 □□
整備が不十分な車でも、事故を起こさないように注意をすれば運転してもかまわない。

問38 □□
優先道路以外の道路を走行中、交差点の直前で前の車が徐行（じょこう）したので、その車を追い越した。

問39 □□
図7の標識のある道路を走行中、前方の交差点で右折するときは、あらかじめできるだけ道路の右端に寄らなければならない。

図7

問40 □□
二輪車の運転者は、四輪車の運転者が自車に気づいていないと考えるとともに、見落とされないような運転をすることが大切である。

問41 □□
工事現場の鉄板やマンホールのふたなどは、雨に濡（ぬ）れるととくに滑（すべ）りやすくなるので、注意して運転する。

問42 □□
横断歩道や自転車横断帯とその手前5メートル以内は、駐車と停車が禁止されているが、追い越しと追い抜きは禁止されていない。

問43 □□
薄暮（はくぼ）時には事故が多く発生するので、安全のため、早めにライトを点灯した。

問33 ×

図6は「駐車余地6メートル」を表し、駐車したとき車の右側に6メートル以上の余地がなければ駐車できません。

問34 ○

原動機付自転車に積める高さの制限は、地上から2メートル以下です。

問35 ○

カーブでは遠心力が働くので、カーブに入る前に十分速度を落としてから進入します。

問36 ○

方向指示器が見えないような状態のときは、手による合図もあわせて行います。

問37 ×

整備不良車を運転するのは危険です。整備をしてから運転しなければなりません。

問38 ×

優先道路ではない交差点とその手前30メートル以内の場所では、追い越しをしてはいけません。

問39 ○

一方通行の道路は対向車が来ないので、あらかじめできるだけ道路の右端に寄って右折します。

問40 ○

二輪車の運転者は、他の運転者が自車に気づいているかどうかを考える必要があります。

問41 ○

雨に濡れた鉄板の上などはとくに滑りやすいので、注意して運転します。

問42 ×

設問の場所は、駐停車とともに、追い越しと追い抜きも禁止されています。

問43 ○

早めにライトを点灯し、自車の存在を周囲に知らせることが大切です。

重要交通ルール解説

カーブの通行方法

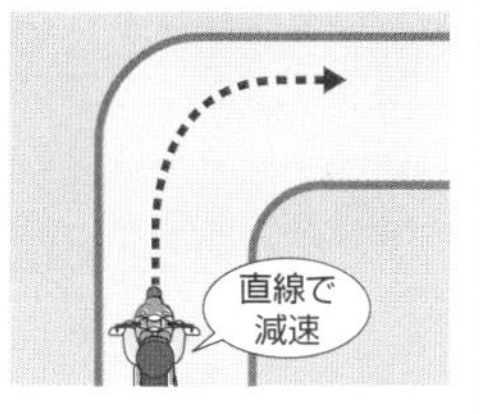

カーブの手前の直線部分で、あらかじめ十分速度を落とす。

❶カーブを曲がるとき

ハンドルを切るのではなく、車体を傾けることによって自然に曲がる要領で行う。

❷カーブの途中では

クラッチを切らずにスロットルで速度を調節する。

❸カーブの後半では

前方の安全を確かめてから徐々に加速する。

問44

□□ 踏切では、目だけでなく耳も使って安全を確認するのがよい。

問45

□□ 交差点で警察官が図8の灯火信号を行っているとき、矢印の方向の交通に対しては、信号機の赤色の灯火信号と同じ意味を表す。

図8

問46

□□ カーブを通過するときは、車体をまっすぐにして、ハンドルを切って通過する要領で行う。

問47

夜間、交差点を右折するために時速10キロメートルまで減速しました。どのようなことに注意して運転しますか？

□□ (1)自転車は右側の横断歩道を横断すると思われるので、交差点の中心付近で一時停止して、その通過を待つ。

□□ (2)対向車で前方の状況がよくわからないので、少し前に出て一時停止し、二輪車などが出てこないか、安全を確認する。

□□ (3)右側の横断歩道は自分の車の前照灯の範囲外なので、その全部をよく確認する。

問48

時速30キロメートルで進行しています。どのようなことに注意して運転しますか？

□□ (1)対向車は来ていないようなので、そのままの速度で停止している車のそばを通過する。

□□ (2)右側の子どもとの間に安全な間隔をとり、停止している車のそばを徐行して通過する。

□□ (3)右にある施設から子どもたちが飛び出してくるかもしれないので、徐行して注意しながら走行する。

問44 ○

踏切を通行するときは、目と耳で安全を確認します。

P.40 暗記項目37

問45 ○

警察官が灯火を頭上に上げているとき、身体の正面または背面に対面する交通には、赤信号を意味します。

P.17

問46 ×

ハンドルを切るのではなく、車体を自然に傾けて曲がるような要領で通過します。

P.41

問47

対向車のかげと自転車の行動に注目！

トラックのかげから二輪車が出てきて衝突するおそれがあります。周囲が暗いため、見落とさないように注意しましょう。

(1) ○ 交差点の中心付近で一時停止して、自転車の横断に備えます。

(2) ○ 二輪車などが急に出てくるおそれがあるので、一時停止して安全を確認します。

(3) ○ 前照灯の範囲外にも目を配り、安全を確かめます。

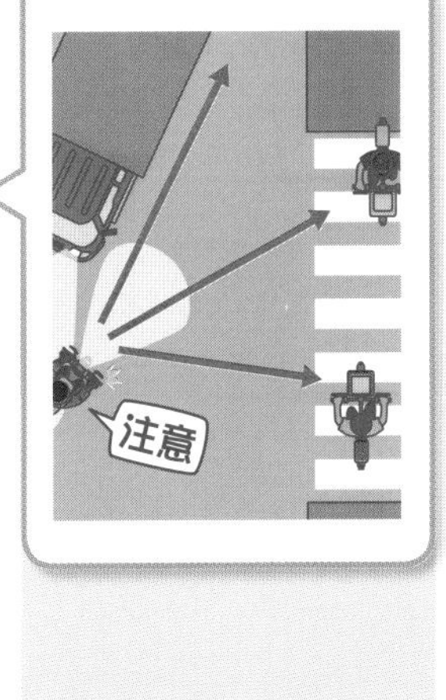

子どもの行動と右側にある施設に注目！

停止車両のかげ、または右側にある施設から人が飛び出してくるおそれがあります。複雑な状況なので、速度を落として進行しましょう。

(1) × 車のかげから歩行者が急に飛び出してくるおそれがあります。

(2) ○ 子どもの動きと停止車両のかげに注意しながら、徐行して通過します。

(3) ○ 施設からの子どもの急な飛び出しに備え、徐行して走行します。

問1～48を読み、正しいものは「○」、誤っているものは「×」と答えなさい。配点は問1～46が各1点、問47・48が各2点（3問とも正解の場合）。

制限時間

30分

合格点

45点以上

問1 □□

交差点で右折や左折をするときは徐行しなければならないが、徐行とはすぐ止まれる速度で進行することである。

問2 □□

原動機付自転車を運転するときの服装は個人の自由であるから、半そで・半ズボンで運転した。

問3 □□

図1の矢印信号が出ているとき、原動機付自転車は、どんな交差点であっても右折することができる。

図1

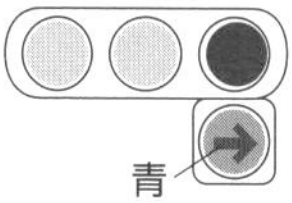

青

問4 □□

車両通行帯が黄色の線で区画されているときは、原則としてその線を越えて進路を変更してはならない。

問5 □□

原動機付自転車の積載物の重量制限は、30キログラム以下である。

問6 □□

踏切を通過するとき、踏切の先の交通が混雑しているため、そのまま進むと踏切内で動きがとれなくなるおそれがある場合は、踏切の手前で待たなければならない。

問7 □□

トンネルの中は、すべて駐停車禁止である。

問8 □□

通行に支障がある身体障害者や高齢者が歩いているときは、警音器を鳴らして注意を与えながら通行するとよい。

問9 □□

道路の左側に図2の標識があったので、車を止めて休息をとった。

図2

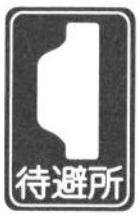

待避所

問10 □□

原動機付自転車に積むことのできる荷物の高さは、荷台に積んだ状態で地上から2メートル以下である。

を右ページに当て、解いていこう。重要語句もチェック！

正解　**ポイント解説**

問1　〇

徐行とは、すぐに停止できるような速度で進行することをいい、目安になる速度は時速 10 キロメートル以下です。

P.22

問2　×

転倒(てんとう)したときのことを考え、体の露出(ろしゅつ)が少ない服装で運転します。

P.11

問3　×

二段階右折が必要な交差点では、原動機付自転車は矢印信号に従って右折できません。

P.17

問4　〇

黄色の線で区画された車両通行帯では、やむを得ない場合を除き、進路変更が禁止されています。

P.26

問5　〇

原動機付自転車の積載物の重量制限は、30 キログラム以下です。

P.10

問6　〇

踏切内で止まってしまうおそれのあるときは、踏切に進入してはいけません。

P.40
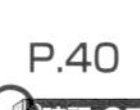

問7　〇

トンネルは、車両通行帯の有無(うむ)にかかわらず、駐停車禁止場所に指定されています。

P.45
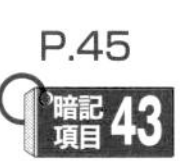

問8　×

警音器は鳴らさずに、一時停止か徐行をして保護しなければなりません。

P.30

問9　×

「待避所(たいひじょ)」は、対向車に進路を譲(ゆず)るための場所で、休息するために車を止めてはいけません。

問10　〇

原動機付自転車の荷台に積める荷物の高さは、地上から 2 メートル以下です。

P.10

踏切の通過方法

踏切の直前（停止線があるときはその直前）で一時停止し、自分の目と耳で左右の安全を確認する。

踏切の向こう側に自分の車が入れる余地があるかどうかを確認してから発進する。

エンストを防止するため、発進したときの低速ギアのまま一気に通過する。

問11 □ □

乗合バスが停留所で客を降ろし、発進しようとして右に合図を出しているときは、急停止となるような場合を除き、後方の車は乗合バスの発進を妨げてはならない。

問12 □ □

歩行者のそばを通るときは、歩行者との間に安全な間隔をあけるか徐行しなければならないが、自転車に乗っている人のそばを通るときは、そのような注意をする必要はない。

問13 □ □

右前方を走行中の車が急に左に合図を出して幅寄せしようとしたが、急停止できない状況だったので、警音器を鳴らした。

問14 □ □

前方がよく見えない濃い霧が発生したときでも、昼間であれば灯火をつけなくてもよい。

問15 □ □

図３のような幅の広い路側帯のある道路では、歩行者、自転車、原動機付自転車はその路側帯を通行することができる。

図３

路側帯

車道

問16 □ □

進路変更や転回をしようとするときは、まず周囲の安全を確かめてから、合図をしなければならない。

問17 □ □

故障した車は、そのまま道路上に置いても駐車にはならない。

問18 □ □

原動機付自転車を運転するときはヘルメットをかぶらなければならないので、工事用安全帽をかぶって運転した。

問19 □ □

軌道敷内をやむを得ず通行するときは、なるべくレールの上を走行したほうがよい。

問20 □ □

図４の標識のある交差点で右折しようとする原動機付自転車は、自動車と同じ方法で右折しなければならない。

図４

原付

問21 □ □

転回の合図の方法は、右折と同じである。

問11 ○ 乗合バスが発進の合図をしたときは、原則としてバスの発進を妨げてはいけません。 ここで覚える!

問12 × 自転車に対しても、歩行者と同じような注意が必要です。 P.29 暗記項目23

問13 ○ 設問のような、危険を防止するためにやむを得ない場合は、警音器を鳴らすことができます。 P.25 暗記項目20

問14 × 昼間でも、濃い霧などで50メートル先が見えない状況のときは、灯火をつけなければなりません。 P.49 暗記項目46

問15 × 図3は「駐停車禁止路側帯」で、歩行者と自転車は通行できますが、原動機付自転車は通行してはいけません。 ここで覚える!

問16 ○ まず、周囲の安全を確かめてから、進路変更や転回の合図を行います。 ここで覚える!

問17 × 故障車であっても、そのまま道路上に放置すれば駐車になります。 P.45 暗記項目41

問18 × 工事用安全帽は乗車用ヘルメットにはならないので、運転してはいけません。 P.11 暗記項目8

問19 × レールの上は滑(すべ)りやすいので、なるべく避(さ)けて走行します。 ここで覚える!

問20 ○ 図4は「原動機付自転車の右折方法(小回り)」を表し、二段階右折をしてはいけません。 P.39 暗記項目34

問21 ○ 原動機付自転車の場合、右側の方向指示器を出すか、左腕を垂直に上に曲げます。 P.26 暗記項目21

重要交通ルール解説

路線バスなどの優先

❶バスが発進しようとしているとき

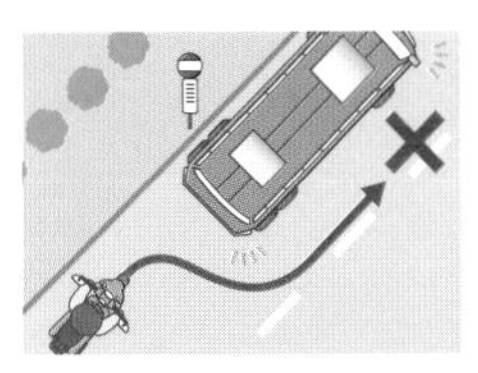

後方の車はバスの発進を妨げてはいけない。ただし、急ブレーキや急ハンドルで避けなければならないときは先に進める。

❷路線バス等の専用通行帯では

原動機付自転車、小型特殊自動車、軽車両は、その通行帯を通行できる。指定車と小型特殊以外の自動車は、原則として通行してはいけない。

❸路線バス等優先通行帯では

車も通行できるが、路線バス等が近づいてきたら、原動機付自転車、小型特殊自動車、軽車両は、左側に寄って進路を譲る。指定車と小型特殊以外の自動車は、その通行帯から出て進路を譲る。

問22 □□

原動機付自転車は、子どもに限り、荷台に乗せることができる。

問23 □□

追い越しが終わったときは、できるだけ早く追い越した車の前に入らなければならない。

問24 □□

水たまりのある道路では、水をはねて他人に迷惑（めいわく）をかけないように、徐行（じょこう）などをして注意しながら通行しなければならない。

問25 □□

原動機付自転車を運転中、正面衝突（しょうとつ）の危険が生じたときは、道路外が安全な場所であれば、そこに出て衝突を回避（かいひ）する。

問26 □□

交差点とその手前30メートル以内の場所では、どんな場合でも他の車を追い越したり、追い抜いたりしてはならない。

問27 □□

図5の標示は、7時から9時まで路線バス等の専用通行帯であることを表すが、原動機付自転車は通行することができる。

図5

バス専用7-9

問28 □□

原付免許で運転することができる車には、原動機付自転車以外に小型特殊自動車がある。

問29 □□

自分が通行している道路の幅より交差する道路の幅が明らかに広いときは、交差点の直前で必ず一時停止しなければならない。

問30 □□

著（いちじる）しく他人に迷惑をおよぼす騒音（そうおん）を生じさせるような急発進、急加速、から吹（ぶ）かしをしてはならない。

問31 □□

同一方向に3つ以上の車両通行帯のある道路で、通行区分を指定する標識などがないときは、原動機付自転車は最（もっと）も左側の通行帯を通行するのが原則である。

問32 □□

エンジンを始動したときは、高速回転でから吹かしをして、調子を整えるのがよい。

問22 ×

原動機付自転車の乗車定員は運転者のみ１名で、子どもでも乗せられません。

問23 ×

追い越した車と安全な間隔（かんかく）を十分に保ってから、進路を元へ戻します。

問24 ○

水や泥（どろ）をはねたりしないように、徐行などをして十分注意します。

問25 ○

衝突を避（さ）けることをまず考え、道路外に出て回避します。

問26 ×

設問の場所でも、優先道路を通行しているときは、追い越しや追い抜きは禁止されていません。

問27 ○

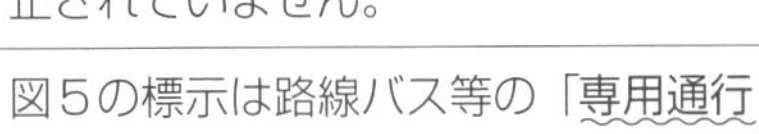

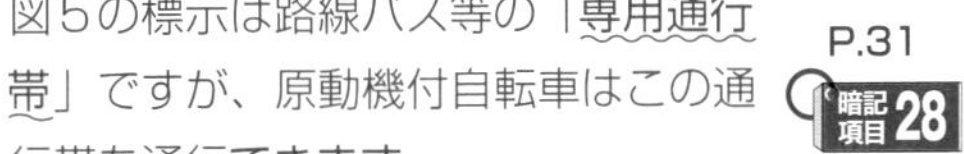

図５の標示は路線バス等の「専用通行帯」ですが、原動機付自転車はこの通行帯を通行できます。

P.31 暗記項目 28

問28 ×

原付免許で運転できるのは原動機付自転車だけで、小型特殊自動車は運転できません。

問29 ×

必ずしも一時停止する必要はなく、徐行をして、広い道路を通行する交通を妨（さまた）げないようにします。

問30 ○

他人に迷惑をかけるような、設問のような運転をしてはいけません。

問31 ○

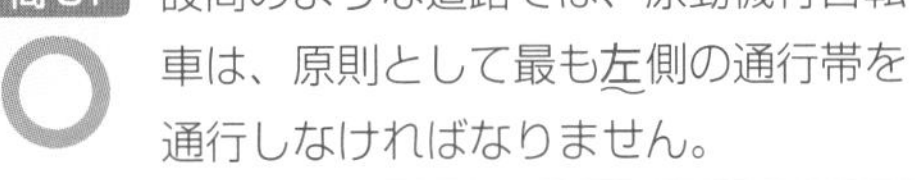

設問のような道路では、原動機付自転車は、原則として最も左側の通行帯を通行しなければなりません。

問32 ×

始動直後に高速回転でから吹かしをすると、エンジンを傷（いた）めるおそれがあります。

重要交通ルール解説

追い越しの手順

①追い越し禁止場所でないことを確認する。
②前方（とくに対向車）の安全を確かめるとともに、バックミラーなどで後方（とくに後続車）の安全を確かめる。
③右側の方向指示器を出す。
④約３秒後、もう一度安全を確かめてから、ゆるやかに進路変更する。
⑤最高速度の範囲内で加速し、追い越す車との間に安全な間隔を保つ。
⑥左側の方向指示器を出す。
⑦追い越した車との間に、安全な車間距離がとれるまで進み、ゆるやかに進路変更する。
⑧合図をやめる。

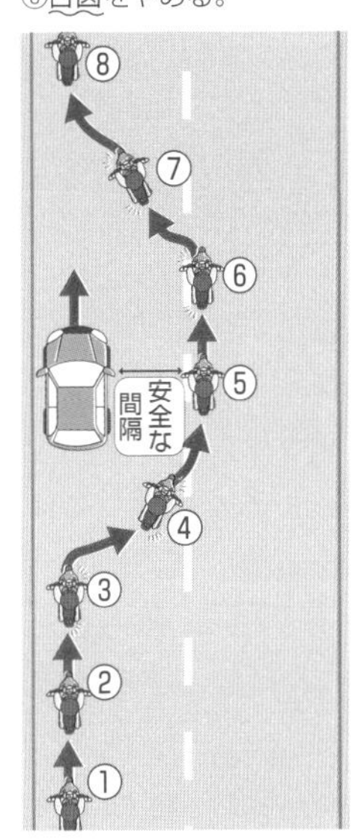

第8回 実戦模擬テスト

問33 □□
図6の標識は、この先の道路が滑(すべ)りやすいことを表している。

図6

黄

問34 □□
横断歩道に近づいたとき、横断する歩行者がいるかいないかはっきりしなかったので、そのままの速度で進行した。

問35 □□
原動機付自転車の構造上の大きな特徴は、体で安定を保ちながら走り、停止すれば安定を失うということである。

問36 □□
道路の右側部分にはみ出して通行できるのは、一方通行の道路を通行するときだけである。

問37 □□
運転者は、慣性(かんせい)、摩擦(まさつ)、遠心力(えんしんりょく)などの自然の力に打ち勝つだけの運転技量を身につけなければならない。

問38 □□
タイヤを点検するときのポイントは、空気圧、傷の有無、溝(みぞ)の減り具合、タイヤに異物が刺さっていないかなどである。

問39 □□
図7の標示は、前方に交差点があることを表している。

図7

問40 □□
信号機の下に「バス専用」の標示板があるときは、バスだけがその信号に従うことができる。

問41 □□
運転中、携帯電話を片手に持って通話をしたり、画面を見ながらメールの送受信をしたりしてはならない。

問42 □□
交差点での車両相互間の関係は、直進車優先、左方車優先、優先道路または幅の広い道路の車優先である。

問43 □□
山道は、路肩(ろかた)が崩(くず)れやすくなっていることがあるので、路肩に寄りすぎないようにすることが大切である。

問33 ×
図6の警戒標識は、この先の道路が左右につづら折りになっていることを表しています。

問34 ×
歩行者の有無が明らかでないときは、停止できるような速度に落として進行しなければなりません。

P.29

問35 ○
設問のように、二輪車は四輪車と違った特徴があります。

問36 ×
設問の道路以外に、工事などで通れないときや他の車を追い越すときなども、右側部分にはみ出して通行できます。

P.25

問37 ×
自然の力に打ち勝つのは困難なので、自然の力を理解して、限度を超えない運転をすることが大切です。

問38 ○
タイヤの点検は、設問のような項目を確認します。

P.11

問39 ×
図7の標示は「前方優先道路」を表し、前方の交差道路が優先道路であることを表しています。

P.16

問40 ○
バスに対する信号なので、その他の車は信号に従って進んではいけません。

問41 ○
運転中は危険なので、携帯電話を手に持って使用してはいけません。

問42 ○
交差点での車両相互間の関係には、設問のような優先ルールがあります。

P.40

問43 ○
路肩は崩れやすくなっていることがあるので、二輪車でも路肩に寄りすぎないように走行します。

重要交通ルール解説

原動機付自転車の点検項目(おもなもの)

❶ブレーキ

あそび(15～20ミリメートル)や効きは十分か。

❷タイヤ

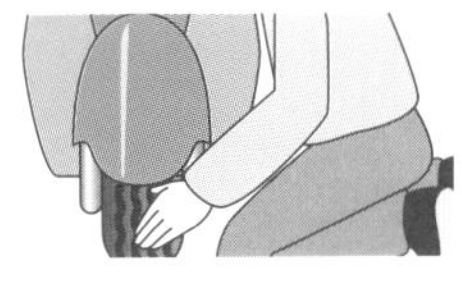

空気圧は適正か、傷はないか、溝が減りすぎていないか、異物が刺さっていないか。

❸チェーン

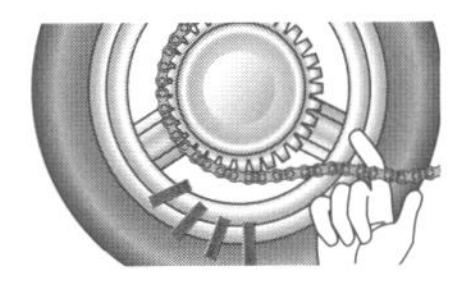

緩んだり、張りすぎたりせず、適度な緩みはあるか(スクータータイプを除く)。

❹灯火類

ライトや方向指示器は正常につくか。

❺マフラー

完全に取り付けられているか、破損していないか。

問44
□□
交差点の手前を進行中、前方から緊急（きんきゅう）自動車が接近してきたので、交差点に入らずに、道路の左側に寄って停止した。

問45
□□
走行中、図８の標示の場所にさしかかったが、付近に歩行者がまったく見あたらなかったので、そのまま進行した。

図８

問46
□□
原動機付自転車の法定速度は、時速40キロメートルである。

問47
時速30キロメートルで進行しています。対向車と行き違うときは、どのようなことに注意して運転しますか？

□□ (1)対向車と行き違ってから、側方の間隔（かんかく）を十分に保ち、自転車を追い越す。

□□ (2)自転車は、道路の中央へ進路を変えるかもしれないので、速度を落とし、対向車と行き違うまで自転車のあとを進行する。

□□ (3)自転車は、片手運転のためふらつくと思われるので、速度を落とし、対向車と行き違うまで自転車のあとを進行する。

問48
前方に停止車両があります。どのようなことに注意して運転しますか？

□□ (1)右側の自転車は、歩行者を避けるため車道に出てくるかもしれないので、その動きに注意しながら速度を落として進行する。

□□ (2)トラックの運転席のドアが急に開くおそれがあるので、トラックに寄りすぎないように注意し、速度を落として進行する。

□□ (3)自転車との間隔を十分保つと、トラックとの間隔が保てないので、両側の間隔に気を配りながら速度を落として通過する。

問44

○

交差点付近で緊急自動車が接近してきたときは、交差点を避け、道路の左側に寄って一時停止します。

P.31 暗記項目 27

問45

○

横断歩道付近に歩行者が明らかにいない場合は、そのまま進行することができます。

P.29 暗記項目 24

問46

×

原動機付自転車は、時速30キロメートルを超えて運転してはいけません。

P.21

問47

対向車の有無と自転車の行動に注目！

自転車は片手運転なので、ふらついて衝突するおそれがあります。対向車と行き違うときに、自転車の側方を通過するのはやめましょう。

(1) ○ 対向車と行き違ってから自転車を追い越すのが、安全な方法です。

(2) ○ 自転車が道路の中央へ出てくることを予測して、速度を落とします。

(3) ○ 自転車がふらつくことを予測して、自転車の後ろを追従します。

問48

自転車の行動とトラックのかげに注目！

トラックの運転席や車のかげから人が出てきて衝突するおそれがあります。安全な間隔をあけ、速度を落として進行しましょう。

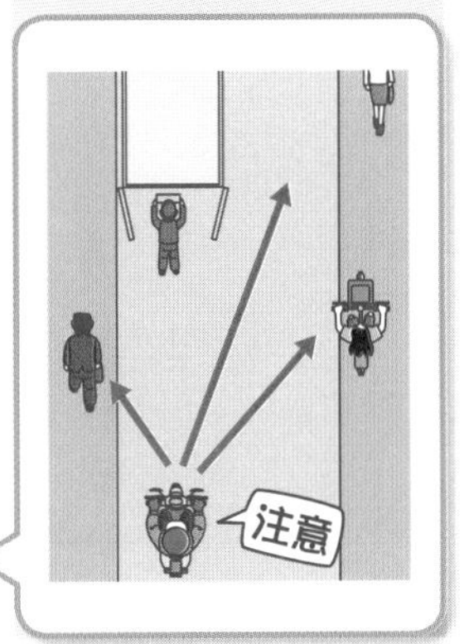

(1) ○ 自転車の動きに注意しながら、速度を落として進行します。

(2) ○ トラックのドアに注意しながら、速度を落として進行します。

(3) ○ トラックや歩行者、自転車との間隔に注意しながら、速度を落として進行します。

問1〜48を読み、正しいものは「○」、誤っているものは「×」と答えなさい。配点は問1〜46が各1点、問47・48が各2点（3問とも正解の場合）。

制限時間

30分

合格点

45点以上

問1 □□
原動機付自転車の荷台に、高さ2メートルの荷物を積んで運転した。

問2 □□
踏切は、その中と手前50メートル以内が追い越し禁止である。

問3 □□
図1の標識がある道路でも、歩行者に注意をすれば、原動機付自転車は通行することができる。

図1

問4 □□
みだりに車両通行帯を変えながら通行することは、後続車の迷惑になったり、事故の原因になったりするので、避けるべきである。

問5 □□
黄色の点滅信号に対面した車は、必ず一時停止して、安全を確かめてから進まなければならない。

問6 □□
原付免許で運転できるのは、エンジンの総排気量60ccまでの二輪車である。

問7 □□
雨の日に工事現場の鉄板の上でブレーキをかけなければならないときは、できるだけ軽くかけるようにする。

問8 □□
横断歩道の手前で止まっている車のそばを通るときは、徐行しなければならない。

問9 □□
図2の標示は、車が交差点を右折するとき、中心の内側を通行しなければならないことを表している。

図2

問10 □□
原動機付自転車が歩行者や自転車のそばを通行するときは、歩行者や自転車との間に安全な間隔をあけるか、徐行しなければならない。

を右ページに当て、解いていこう。重要語句もチェック！

正解	ポイント解説	
問1 ×	荷台に高さ2メートルの荷物をのせると、地上から2メートル以内の積載の制限を超えてしまいます。	P.10 暗記項目 5
問2 ×	踏切とその手前30メートル以内は、追い越し禁止場所に指定されています。	P.36 暗記項目 32
問3 ×	図1は「歩行者専用」を表し、車は原則として通行してはいけません。	P.16 暗記項目 11
問4 ○	車両通行帯は、みだりに変更しないように走行します。	ここで覚える!
問5 ×	黄色の点滅信号では、必ずしも一時停止する必要はなく、他の交通に注意して進むことができます。	P.17 暗記項目 12
問6 ×	原付免許で運転できるのは、エンジンの総排気量50ccまでの二輪車です。	P.9 暗記項目 2
問7 ○	工事現場の鉄板の上は滑りやすいので、ブレーキはできるだけ軽くかけるようにします。	 ここで覚える!
問8 ×	停止車両の前方に出る前に、一時停止して安全を確認しなければなりません。	P.29  暗記項目 24
問9 ×	図2は「右折の方法」を表す標示で、交差点の中心の外側を通って右折することを指定したものです。	 ここで覚える!
問10 ○	歩行者や自転車を保護するために、安全な間隔をあけるか、徐行しなければなりません。	P.29  暗記項目 23

重要交通ルール解説

点滅信号の意味

❶赤色の点滅信号

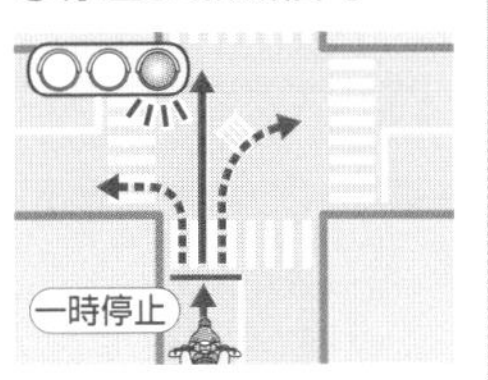

車は停止位置で一時停止し、安全を確認したあとに進行できる。

❷黄色の点滅信号

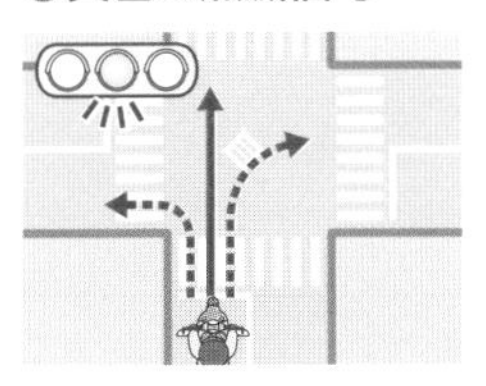

車は、他の交通に注意して進行できる。徐行や一時停止の義務はない。

重要交通ルール解説

横断歩道や自転車横断帯の直前に停止車両があるとき

停止車両のそばを通って前方に出る前に、一時停止して安全を確認しなければならない。

問11
□□
標識や標示で最高速度の指定がない道路では、原動機付自転車はつねに時速30キロメートルで走行すべきである。

問12
□□
夜間、対向車の多い道路では、相手に注意を与えるため、ライトを上向きにしたまま運転したほうが安全である。

問13
□□
二輪車でブレーキをかけるときは、ハンドルを切らない状態で車体が傾(かたむ)いていないときに、前後輪ブレーキを同時に操作(そうさ)するのがよい。

問14
□□
道路の曲がり角付近を通行するときは、必ず徐行(じょこう)しなければならない。

問15
□□
図3の標識は、この先の道路が落石のおそれがあるので、車の通行を禁止するものである。

図3
黄

問16
□□
夜間、対向車のライトがまぶしいときは、視線をやや左前方に移して、幻惑(げんわく)されないように注意する。

問17
□□
原動機付自転車の乗車定員は、運転者を含む2人である。

問18
□□
渋滞(じゅうたい)しているときはやむを得ないので、横断歩道や自転車横断帯の上に停止してもかまわない。

問19
□□
原動機付自転車を運転中、図4のような信号に対面したときは、矢印に従って左折することができる。

図4
青

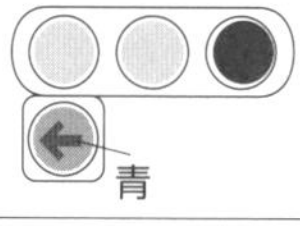

問20
□□
不必要な急発進や急ブレーキは、危険なだけでなく、交通公害の原因になる。

問21
□□
幼児が1人で歩いているときや車いすで通行している人がいるときは、必ず一時停止しなければならない。

問11 ×
道路の状況や天候などに応じて、時速30キロメートル以下の安全な速度で走行します。

問12 ×
設問の道路でライトを上向きにすると相手がまぶしいので、ライトを下向きに切り替えて運転します。

P.49

問13 ○
二輪車でブレーキをかけるときは、設問のようにします。

P.21

問14 ○
道路の曲がり角付近は徐行すべき場所なので、必ず徐行しなければなりません。

P.22

問15 ×
図3は「落石のおそれあり」の警戒標識ですが、通行が禁止されているわけではありません。

問16 ○
ライトを直視（ちょくし）すると目が見えなくなることがあるので、視線をやや左前方に移します。

P.49

問17 ×
原動機付自転車の乗車定員は、運転者1人だけです。

P.10

問18 ×
たとえ渋滞していても、横断歩道や自転車横断帯の中に入って停止してはいけません。

問19 ○
左向きの青色の矢印の場合、原動機付自転車は左折することができます。

P.17

問20 ○
急発進や急ブレーキは、事故の危険性があるだけでなく、騒音（そうおん）などの交通公害の原因になります。

問21 ×
一時停止か徐行をして、設問の人が安全に通行できるようにします。

P.30

重要交通ルール解説

徐行しなければならない場所

❶「徐行」の標識がある場所

❷左右の見通しのきかない交差点

ただし、交通整理が行われている場合や、優先道路を通行している場合は、徐行の必要はない。

❸道路の曲がり角付近

❹上り坂の頂上付近

❺こう配の急な下り坂

問22 □□
信号機のある交差点を右折する原動機付自転車は、必ず二段階右折しなければならない。

問23 □□
こう配の急な上り坂や下り坂では、必ず徐行しなければならない。

問24 □□
手袋を使うとアクセルグリップやブレーキレバーを握るときに滑りやすくなるので、使用しないほうがよい。

問25 □□
原動機付自転車は、他の車から見落とされやすいので、できるだけ目につきやすい服装で運転すべきである。

問26 □□
原動機付自転車の荷台に積むことができる荷物の幅は、荷台から左右それぞれ0.15メートルまでである。

問27 □□
図5の標識のあるところでは、道路の右側部分にはみ出さなければ、追い越しをしてもよい。

図5

問28 □□
リヤカーをけん引している原動機付自転車の法定速度は、時速25キロメートルである。

問29 □□
原動機付自転車は、歩行者の通行を妨げなければ、路側帯を通行することができる。

問30 □□
タイヤの点検では、金属片やくぎなどが食い込んでいたり、刺さったりしていないかについても調べる。

問31 □□
右折や転回をするときの合図は、右折や転回をしようとする地点から30メートル手前で行う。

問32 □□
停留所に止まっている路線バスに追いついたときは、その後方で停止し、バスが発進するまでその横を通過してはならない。

問22 ×

車両通行帯が2つ以下の道路や、標識で小回り右折が指定されている交差点では、二段階右折してはいけません。

P.39 暗記項目34

問23 ×

こう配の急な下り坂は徐行場所ですが、こう配の急な上り坂は徐行場所ではありません。

P.22 暗記項目17

問24 ×

転倒（てんとう）したときのことなどを考え、手袋を使用したほうが安全です。

問25 ○

原動機付自転車は視認（しにん）性を高めるため、目につきやすい服装で運転します。

P.11

問26 ○

原動機付自転車は、荷台に左右それぞれ0.15メートルを加えた幅まで、荷物を積むことができます。

P.10

問27 ○

図5は「追越しのための右側部分はみ出し通行禁止」を表し、右側にはみ出さない追い越しは禁止されていません。

P.35

問28 ○

リヤカーをけん引している原動機付自転車の法定速度は、時速25キロメートルです。

P.21

問29 ×

原動機付自転車は、横切るときを除き、路側帯を通行してはいけません。

P.25

問30 ○

設問のように、タイヤの状態も点検します。

P.11

問31 ○

右折や転回をしようとする地点から、30メートル手前で合図を行います。

P.26

×

必ずしも停止して待つ必要はなく、歩行者などに注意して進めます。

重要交通ルール解説

原動機付自転車が二段階右折しなければならない交差点

❶交通整理が行われていて、車両通行帯が3つ以上ある道路の交差点

❷「原動機付自転車の右折方法（二段階）」の標識（下記）がある道路の交差点

※二段階右折の方法

①あらかじめできるだけ道路の左端に寄る。
②交差点の30メートル手前で右折の合図をする。
③青信号で徐行しながら、交差点の向こう側まで進む。
④この地点で止まって右に向きを変え、合図をやめる。
⑤前方の信号が青になってから進行する。

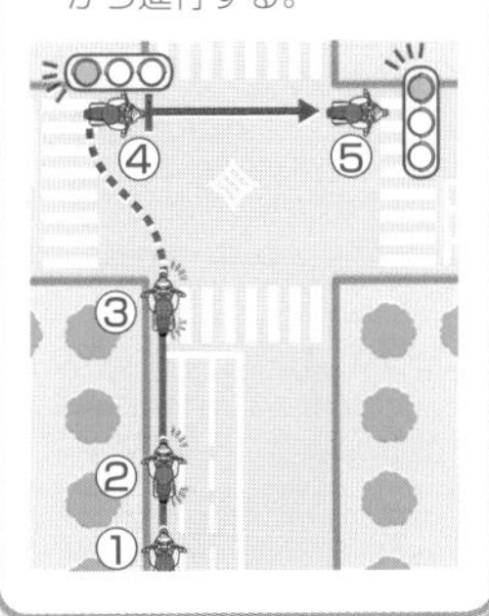

問33 □□
図6の標示のある道路を通行中の原動機付自転車が青信号で交差点を右折する場合、Aの通行帯を直進して交差点の向こう側まで進む。

図6

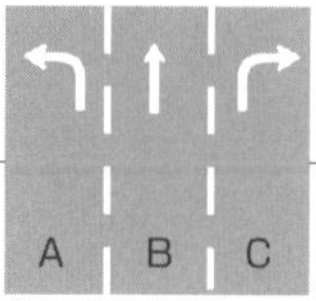

A B C

問34 □□
道路工事の区域の端から5メートル以内の場所は、駐車することはできないが、停車することはできる。

問35 □□
交差点付近以外で緊急(きんきゅう)自動車が近づいてきたので、徐行(じょこう)してそのまま進行した。

問36 □□
横の信号が赤色に変わっても、徐々に動き始めるようなことをしてはならない。

問37 □□
道路の曲がり角から5メートル以内の場所は、駐停車が禁止されている。

問38 □□
子どもが乗り降りしている通学・通園バスのそばを通るときは、徐行して安全を確かめなければならない。

問39 □□
図7の標示は、安全地帯であることを表している。

図7

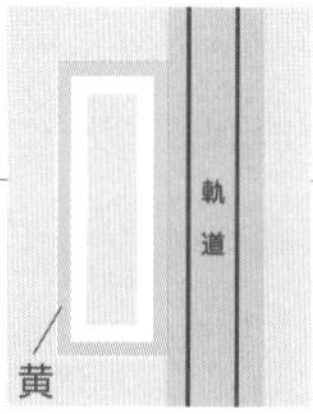

軌道

黄

問40 □□
右折するために道路の中央に寄っている車があったので、その左側を通って追い越しをした。

問41 □□
「学校、幼稚園、保育所などあり」の警戒標識があるときは、この先で徐行しなければならない。

問42 □□
同一方向に進行しながら進路を変えるときは、進路を変えようとするときの約10秒前に合図をしなければならない。

問43 □□
遠心力(えんしんりょく)は、速度が遅く、カーブの半径が大きいほど強く働く。

問33 ○
二段階右折する原動機付自転車は、左端の通行帯が左折車線でも、そこを通って交差点を直進します。
ここで覚える!

問34 ○
道路工事の区域の端から5メートル以内は駐車禁止場所なので、停車をすることはできます。
P.45 暗記項目42

問35 ×
交差点付近以外では、左側に寄って緊急自動車に進路を譲(ゆず)ればよく、徐行する必要はありません。
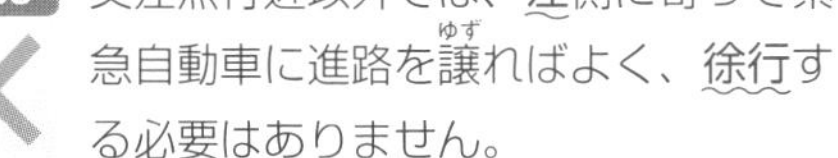
P.31 暗記項目27

問36 ○
前方の信号が青色になる前に、動き始めてはいけません。
ここで覚える!

問37 ○
道路の曲がり角から5メートル以内は、駐停車禁止場所に指定されています。
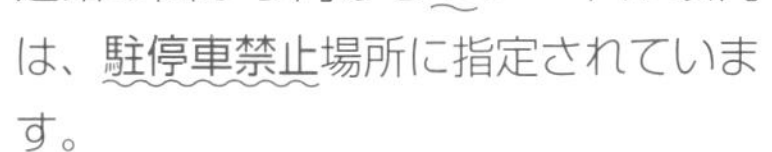
P.45 暗記項目43

問38 ○
子どもの急な飛び出しに備えて、徐行して安全を確かめます。
ここで覚える!

問39 ○
図7は「安全地帯」を表し、車は黄色の枠内に入ってはいけません。
P.15 暗記項目10

問40 ○
設問の場合は、前の車の左側を通って追い越すことができます。
ここで覚える!

問41 ×
設問の標識がある場所は、子どもの飛び出しに注意が必要ですが、徐行場所には指定されていません。
ここで覚える!

問42 ×
進路変更の合図は、進路を変えようとする約3秒前から始めます。
P.26 暗記項目21

問43 ×
速度が速く、カーブの半径が小さい(急カーブ)ほど、遠心力は強く働きます。
P.10 暗記項目6

重要交通ルール解説

合図の時期と方法

❶左折するとき

左折しようとする地点(交差点では交差点)から30メートル手前の地点で、左側の方向指示器などで合図をする。

❷左に進路変更するとき

進路を変えようとする約3秒前に、左側の方向指示器などで合図をする。

❸右折・転回するとき

右折や転回しようとする地点(交差点では交差点)から30メートル手前の地点で、右側の方向指示器などで合図をする。

❹右に進路変更するとき

進路を変えようとする約3秒前に、右側の方向指示器などで合図をする。

❺徐行・停止するとき

徐行や停止しようとするときに、制動灯などで合図をする。

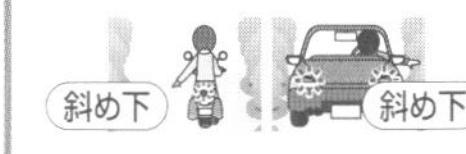

❻四輪車が後退するとき

後退しようとするときに、後退灯などで合図をする。

問44 砂利(じゃり)道での運転は、速度が遅いと不安定になるので、高速で一気に通過する。

□□

問45 図８の標識は、この先に押しボタン式の信号機があることを表している。

□□

図８

問46 一方通行の道路から右折するときは、あらかじめできるだけ道路の中央に寄らなければならない。

□□

問47 踏切の手前で一時停止したあとは、どのようなことに注意して運転しますか？

□□ （１）踏切内は凹凸になっているため、ハンドルをとられないようにしっかり握り、気をつけて通過する。

□□ （２）踏切内は凹凸になっているため、対向車がふらついてぶつかるかもしれないので、なるべく左端に寄って通過する。

□□ （３）踏切内は凹凸になっているので、エンストを防止するためにすばやく変速して、急いで通過する。

問48 時速30キロメートルで進行しています。どのようなことに注意して運転しますか？

□□ （１）歩行者が横断した後、トラックの側方は、対向車がいなければ安心して通過できるので、一気に加速して通過する。

□□ （２）夜間は視界が悪く、歩行者が見えにくいので、トラックの後ろで停止し、歩行者が横断し終わるのを確認してから進行する。

□□ （３）歩行者はこちらを見ており、自分の車が通過するのを待っているので、このままの速度で進行する。

問44
×
砂利道では、低速ギアに入れ、速度を一定に保って運転します。

問45
×
図8は「信号機あり」を表しますが、押しボタン式の信号機であるとは限りません。

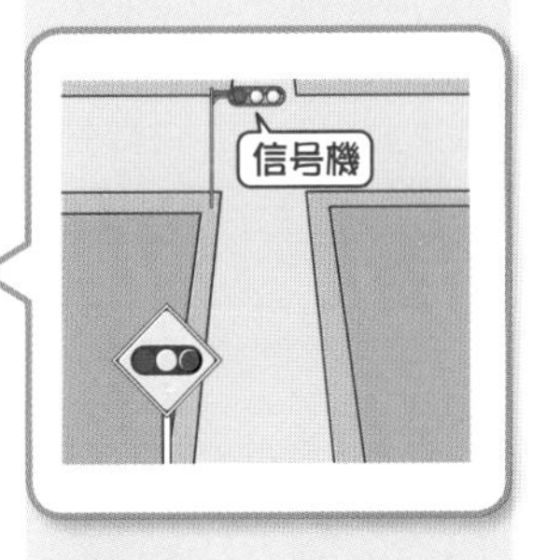

問46
×
一方通行の道路では、あらかじめできるだけ道路の右端に寄ります。

P.39

問47

踏切内の路面と対向車の動向に注目!

対向車を避けようと左側に寄りすぎると、落輪(らくりん)するおそれがあります。対向車に気をつけながら、踏切のやや中央寄りを走行しましょう。

(1)

路面の凹凸に備え、ハンドルをとられないように注意します。

(2)
×
左端に寄りすぎると、落輪するおそれがあります。

(3)

エンストを防止するには、低速ギアのまま、変速をしないで通過します。

問48

歩行者の行動と後続車の有無(うむ)に注目!

周囲が暗く、歩行者の有無や行動がよく読み取れません。速度を落とし、対向車の有無や歩行者の行動に注意しましょう。

(1)

トラックのかげから、対向車が接近してくるおそれがあります。

(2)

歩行者の横断に備え、一時停止して安全を確かめます。

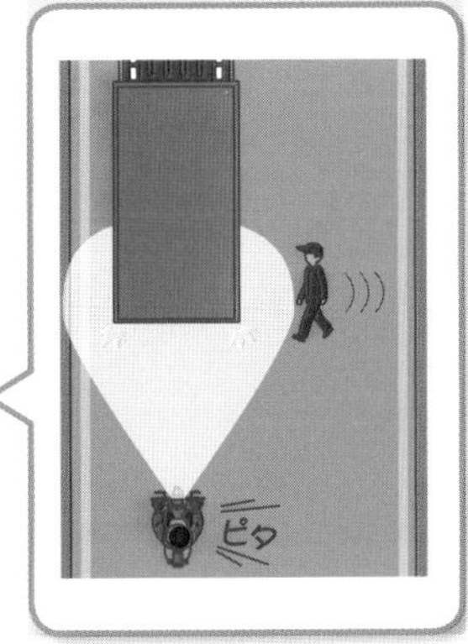

(3)

歩行者は、自車の通過を待ってくれるとは限りません。

問1～48を読み、正しいものは「○」、誤っているものは「×」と答えなさい。配点は問1～46が各1点、問47・48が各2点（3問とも正解の場合）。

制限時間 30分　合格点 45点以上

問1 □□

原動機付自転車を運転する場合、自賠責保険または責任共済の証明書は、事故を起こしたときだけ必要なものなので、車に備えつけておく必要はない。

問2 □□

横断歩道のすぐ手前に駐停車してはいけないが、すぐ向こう側であれば、駐停車することができる。

問3 □□

自動車、原動機付自転車、軽車両は、図1の標識のある道路を通行することができない。

図1

問4 □□

停止する場合は、その場所から30メートル手前の地点で合図をしなければならない。

問5 □□

バックミラーが破損している程度なら、整備不良車として扱われない。

問6 □□

昼間でも、濃い霧などで視界が50メートル以下になったときは、前照灯やその他の灯火をつけなければならない。

問7 □□

原動機付自転車を運転する人は、大型自動車の死角や内輪差について知っておくことが安全運転につながる。

問8 □□

標識により追い越しが禁止されている場所であったが、安全が確認できたので、前の原動機付自転車を追い越した。

問9 □□

図2の標識があったので、すぐに止まれる速度に落として進行した。

図2

徐行
SLOW

問10 □□

運転中は前方だけでなく、バックミラーなどで後方や車の周囲の状況もよく確かめながら進行すべきである。

を右ページに当て、解いていこう。重要語句もチェック！

正解	ポイント解説	
問1 ×	自賠責保険や責任共済の証明書は、車に備えつけておかなければなりません。	P.9  暗記項目 1
問2 ×	横断歩道とその端から前後5メートル以内の場所には、駐停車してはいけません。	P.45  暗記項目 43
問3 ○	図1は「車両通行止め」を表し、車は通行できません。	P.25  暗記項目 19
問4 ×	停止するときは、停止しようとするときに、制動灯(せいどうとう)をつけるか、手による合図を行います。	P.26  暗記項目 21
問5 ×	バックミラーが破損していると後方の安全確保ができないため、整備不良車となります。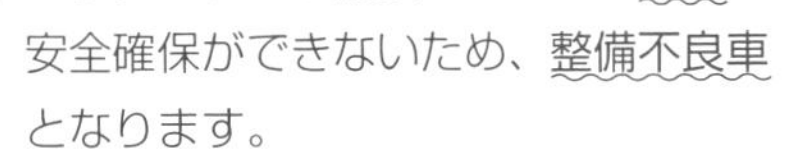	P.11  暗記項目 7
問6 ○	設問のようなときは、昼間でもライトをつけなければなりません。	P.49  暗記項目 46
問7 ○	大型自動車の後ろを走行するときは、とくに死角や内輪差に注意して運転します。	ここで覚える！  
問8 ×	追い越しが禁止されている場所では、原動機付自転車でも追い越しをしてはいけません。	ここで覚える！ 
問9 ○	「徐行(じょこう)」の標識がある場所では、ただちに止まれる速度に落として進行します。	P.22  暗記項目 17
問10 ○	前方はもちろん、後方や周囲の安全を確かめながら進行します。	ここで覚える！ 

重要交通ルール解説

運転前に確認すること

❶運転免許証

免許証を携帯する。メガネの使用など、免許証に記載されている条件を守る。

❷強制保険の証明書

強制保険（自動車損害賠償責任保険または責任共済）の証明書は車に備えつける。

❸運転計画

地図などを見て、あらかじめルートや所要時間、休憩場所などの計画を立てる。長時間運転するときは、2時間に1回は休息をとる。

❹運転を控えるとき

疲れているとき、病気のとき、心配事があるときなどは運転しない。睡眠作用のあるかぜ薬などを服用したときも運転を控える。

❺酒を飲んだとき

少しでも酒を飲んだら、絶対に運転してはいけない。また、酒を飲んだ人に車を貸したり、これから運転する人に酒を勧めたりしてはいけない。

問11
□□
タイヤがすり減っているときや濡れたアスファルト道路を走るときは、路面との摩擦抵抗は大きくなり、制動距離は短くなる。

問12
□□
原動機付自転車のエンジンを始動させるときは、スロットルグリップを少し回して始動し、エンジンがかかったら、しばらく暖気運転をする。

問13
□□
安全地帯のない停留所に路面電車が停車していて、その路面電車との間に1.5メートル以上の間隔がとれないときは、人の乗り降りがなくても、その後方で停止していなければならない。

問14
□□
路側帯の区画線が白線２本で引かれているところでは、路側帯の幅が広くても、その中に入って駐停車することはできない。

問15
□□
図３の標識は、学校、幼稚園、保育所などがあることを表している。

図３

問16
□□
横断歩道や自転車横断帯とその手前30メートル以内の場所は、追い越し・追い抜きともに禁止されている。

問17
□□
同一方向に２つの車両通行帯があるとき、原動機付自転車は、原則として左側の通行帯を通行しなければならない。

問18
□□
交差点の手前に進行方向別通行区分の標示が示されているところでは、緊急自動車が接近してきても、進路を譲らなくてもよい。

問19
□□
原動機付自転車に荷物を積むときは、荷台の後方から30センチメートルを超えてはみ出してはならない。

問20
□□
原動機付自転車で交差点を右折するとき、図４のような進路のとり方は正しい。

図４

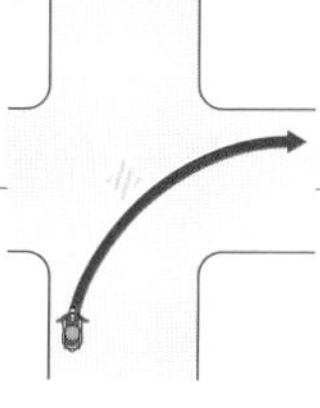

問21
□□
原動機付自転車は、左折、右折、横断などでやむを得ないとき以外は、軌道敷内を通行してはならない。

問11 ×

設問のようなときは摩擦抵抗が小さくなり、制動距離は長くなります。

P.21 暗記項目 15

問12 ○

エンジンがかかったら、しばらく暖気運転を行います。

問13 ○

設問のような場合は、後方で停止して路面電車の発進を待たなければなりません。

問14 ○

白線2本は「歩行者用路側帯」を表し、幅が広くても、中に入っての駐停車は禁止されています。

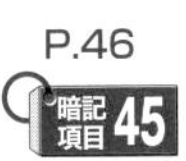

問15 ×

図3は「横断歩道」を表し、学校、幼稚園、保育所などがあることを意味するものではありません。

問16 ○

横断歩道や自転車横断帯とその手前30メートル以内は、追い越しと追い抜きが禁止されています。

問17 ○

右側は追い越しなどのためにあけておき、左側の通行帯を通行しなければなりません。

問18 ×

指定された通行区分に従う必要はなく、そこから出て緊急自動車に進路を譲ります。

問19 ○

二輪車の積み荷の長さの制限は、荷台から後方に30センチメートル（0.3メートル）以下です。

問20 ×

図4の交差点を右折するときは、あらかじめできるだけ道路の中央に寄ってから、右折しなければなりません。

問21 ○

設問のような場合以外は、軌道敷内を通行してはいけません。

重要交通ルール解説

右左折の方法

❶左折の方法

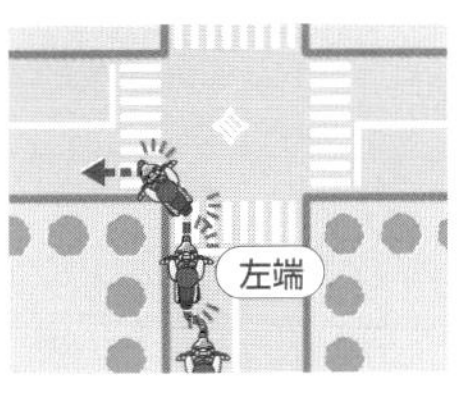

あらかじめできるだけ道路の左端に寄り、交差点の側端に沿って徐行しながら通行する。

❷右折の方法（小回り）

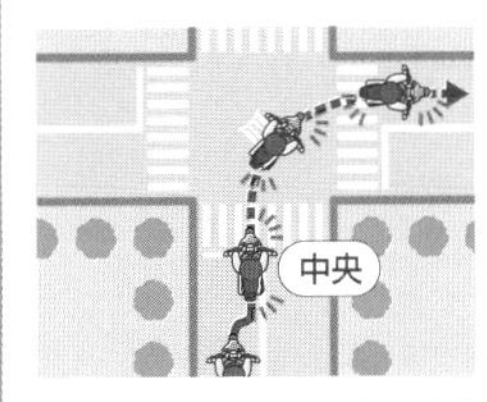

あらかじめできるだけ道路の中央に寄り、交差点の中心のすぐ内側を通って徐行しながら通行する。

❸一方通行の道路での右折

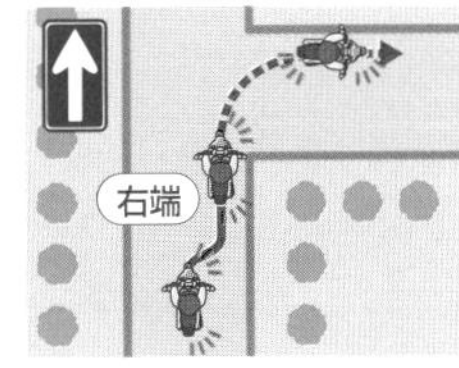

あらかじめできるだけ道路の右端に寄り、交差点の中心の内側を通って徐行しながら通行する。

問22 □□
二輪車のスロットルグリップのワイヤーが引っかかって戻らなくなったときは、ブレーキを強くかけて急停止させる。

問23 □□
上り坂の頂上付近は見通しが悪いので、徐行(じょこう)場所、追い越し禁止場所、駐停車禁止場所に指定されている。

問24 □□
交通巡視員が腕を垂直に上げているとき、交通巡視員の身体の正面に平行する交通については、信号機の赤色の灯火(とうか)と同じ意味である。

問25 □□
原動機付自転車に荷物を積む場合、重さの制限は60キログラムまでである。

問26 □□
運転者が車から離れるときは、盗難(とうなん)防止の措置(そち)として、エンジンキーを携帯するだけでよい。

問27 □□
図５の標識のあるところで、原動機付自転車が道路を横断した。

図５

問28 □□
子どもが幼稚園に遅れそうになったので、やむを得ず原動機付自転車の荷台に乗せて運転した。

問29 □□
警察官から免許証の提示(ていじ)を求められても、交通違反をしていないときは、提示する必要はない。

問30 □□
車は、やむを得ないときは「安全地帯」に入ることができる。

問31 □□
深い水たまりを通過したあとは、ブレーキが効(き)かなくなったり、効きが悪くなったりすることがある。

問32 □□
原付免許を受ければ、小型特殊自動車を運転することができる。

問22	×	設問のようなときは、ただちに点火スイッチを切り、エンジンを止めてから停止します。	P.50 暗記項目48
問23	○	上り坂の頂上付近は、徐行場所、追い越し禁止場所、駐停車禁止場所に指定されています。	P.22 暗記項目17 ほか
問24	×	身体の正面に平行する交通については、信号機の黄色の灯火と同じ意味です。	P.17 暗記項目13
問25	×	原動機付自転車の積み荷の重量制限は、30キログラムまでです。	P.10 暗記項目5
問26	×	ハンドルなどを施錠し、貴重品を車に置かないようにします。	ここで覚える! 
問27	○	図5は「転回禁止」の標識ですが、横断はとくに禁止されていません。	ここで覚える! 
問28	×	どんな場合でも、原動機付自転車の荷台に人を乗せて運転してはいけません。	P.10 暗記項目5
問29	×	警察官が免許証の提示を求めてきたら、その指示には従わなければなりません。	ここで覚える! 
問30	×	やむを得ない事情があっても、安全地帯に入ってはいけません。	P.25 暗記項目19
問31	○	ブレーキ装置に水が入り、ブレーキが効かなくなることがあります。	ここで覚える! 
問32	×	原付免許で運転できるのは原動機付自転車だけで、小型特殊自動車は運転できません。	P.10 暗記項目4

重要交通ルール解説

運転中に緊急事態が起こったとき

❶エンジンの回転数が下がらなくなったとき

点火スイッチを切り、エンジンを止める。ブレーキをかけて速度を落とし、道路の左側に車を止める。

❷下り坂でブレーキが効かなくなったとき

減速チェンジをして、エンジンブレーキを効かせて速度を落とす。減速しない場合は、道路わきの土砂などに突っ込んで車を止める。

❸走行中にパンクしたとき

ハンドルをしっかり握り、車体をまっすぐに保つ。スロットルを戻して速度を落とし、断続ブレーキをかけて道路の左側に止める。

問33 □ □

警察官が図６の手信号をしているとき、矢印の方向に進行している交通については、信号機の赤色の灯火と同じ意味である。

図６

問34 □ □

路線バスが発進しようとして右に合図を出したので、その後ろで徐行して進路を譲った。

問35 □ □

環状交差点において徐行か停止するときは、徐行か停止しようとするときに合図をする。

問36 □ □

追い越しと追い抜きの違いは、追いついた車が前車の側方を通るまでの間に進路を変えたかどうかにある。

問37 □ □

走行中に大地震が発生したときは、安全な方法で停止し、やむを得ず道路上に車を置いて避難するときは、エンジンを止め、キーはつけたままにしておくか運転席などに置いておく。

問38 □ □

道路の曲がり角付近でも、見通しのよい場所であれば、他の車を追い越すことができる。

問39 □ □

図７の標識のあるところでも、むやみに警音器を鳴らしてはならない。

図７

問40 □ □

自動車や原動機付自転車を運転して交通事故を起こした場合は、ただちに運転を中止して事故の続発を防止し、負傷者がいる場合はその救護をしなければならない。

問41 □ □

「止まれ」の標識がある場所では、停止線の直前で一時停止しなければならないが、いったん停止したあとは、交差する道路の車に優先して通行することができる。

問42 □ □

歩行者のいる安全地帯のそばを通るときは、安全地帯の左側を１メートル以上あければ、そのまま通行することができる。

問43 □ □

車両通行帯の有無にかかわらず、トンネルの中では追い越しが禁止されている。

問33 ○

設問のような警察官の手信号は、正面または背面の交通について、信号機の赤色の灯火と同じ意味を表します。

問34 ○

路線バスが発進の合図をしているときは、徐行するなどして、バスの発進を妨(さまた)げてはいけません。

問35 ○

徐行か停止しようとするときに合図をします。

P.26 暗記項目 21

問36 ○

進行中の前車の前方に出るとき、進路を変えるのが「追い越し」、進路を変えないのが「追い抜き」です。

P.35 暗記項目 29

問37 ○

だれでも車を移動できるように、エンジンキーはつけたままにしておくか運転席などに置いて避難します。

P.50 暗記項目 48

問38 ×

見通しがよい悪いに関係なく、道路の曲がり角付近では追い越しをしてはいけません。

P.36 暗記項目 32

問39 ×

図7は「警笛(けいてき)鳴らせ」を表し、この標識がある場所では警音器を鳴らさなければなりません。

P.25 暗記項目 20

問40 ○

交通事故では、事故の続発を防止し、負傷者に対して応急救護処置をしなければなりません。

問41 ×

一時停止をし、交差する道路を通行する車の進行を妨げてはいけません。

問42 ×

安全地帯に歩行者がいるときは、徐行しなければなりません。

問43 ×

車両通行帯のあるトンネルでの追い越しは、とくに禁止されていません。

重要交通ルール解説

追い越しと追い抜きの違い

❶追い越し

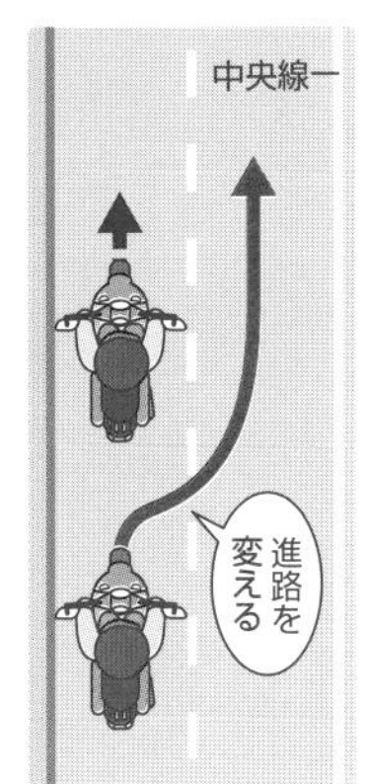

車が進路を変えて、進行中の車の前方に出る行為をいう。

❷追い抜き

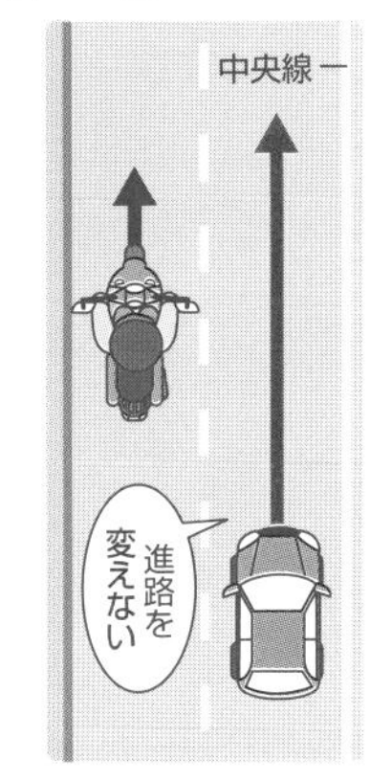

車が進路を変えずに、進行中の車の前方に出る行為をいう。

問44 踏切の警報機が鳴っていても、遮断機が下りていなければ、踏切を通過してもよい。

□ □

問45 図８の標識は、動物が飛び出すおそれがあることを表しているので、注意して走行する。

□ □

図８

黄

問46 火災報知機から３メートル以内の場所には、駐車してはいけない。

□ □

問47 時速30キロメートルで進行しています。交差点を通行するときは、どのようなことに注意して運転しますか？

□ □ （１）左側の車が先に交差点に入ってくるかもしれないので、その前に加速して通過する。

□ □ （２）対向する二輪車が先に右折するかもしれないので、前照灯を点滅させ、そのまま進行する。

□ □ （３）左側の車は、自分の車が通過するまで止まっていなければならないので、加速して通過する。

問48 時速30キロメートルで進行しています。霧で視界が悪くなっていますが、どのようなことに注意して運転しますか？

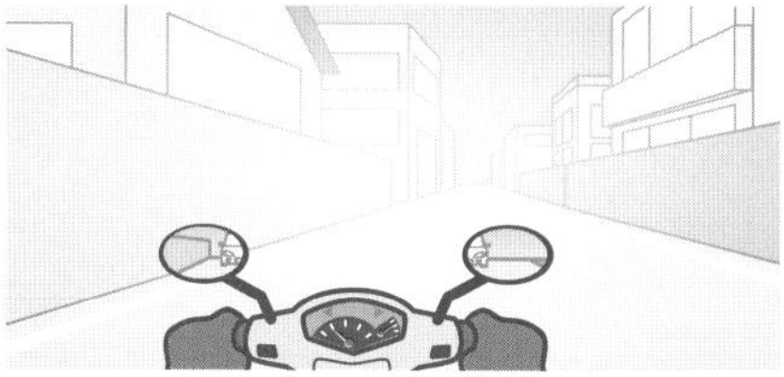

□ □ （１）霧は視界をきわめて悪くするので、霧灯があるときは霧灯、ないときは前照灯を早めにつけて、速度を落として進行する。

□ □ （２）霧の中に歩行者がいるかもしれないので、減速し、必要に応じて警音器を鳴らして進行する。

□ □ （３）急に減速すると後続車に追突されるかもしれないので、ブレーキを数回に分けてかける。

問44

×

警報機が鳴っていたら、踏切を通過してはいけません。

P.40

暗記項目37

問45

○

図8は、「動物が飛び出すおそれあり」を表す警戒標識です。

問46

×

火災報知機から1メートル以内は駐車禁止場所です。

P.45

問47

対向車や左側の車、ブロック塀(べい)のかげに注目！

左側の車が先に交差点に入ってくるかもしれないので、車の動きに注意が必要です。対向車や右側のブロック塀のかげにも注意しましょう。

(1)

×

加速して進むと、左側の車と衝突(しょうとつ)するおそれがあります。

(2)

二輪車が右折するおそれがあるので、速度を落とします。

(3)

×

左側の車が自車に気づかずに出てくると、衝突するおそれがあります。

天候による視界の悪さと後続車の有無(うむ)に注目！

霧が発生して、周囲の視界が極端(きょくたん)に悪くなっています。前照灯を下向きにつけて自車の存在を知らせ、速度を落として進行しましょう。

(1)

○

霧灯（フォグライト）などを点灯し、速度を落として進行します。

(2)

○

必要に応じて警音器を鳴らし、速度を落として進行します。

(3)

○

後続車の追突を防ぐために、ブレーキを数回に分けてかけ、減速します。

●著者

長　信一（ちょう　しんいち）

1962年、東京都生まれ。1983年、都内の自動車教習所に入所。1986年、運転免許証の全種類を完全取得。指導員として多数の合格者を送り出すかたわら、所長代理を務める。現在、「自動車運転免許研究所」の所長として、書籍や雑誌の執筆を中心に活躍中。『赤シート対応 1回で合格！ 普通免許完全攻略問題集』『赤シート対応 1回で合格！ 原付免許完全攻略問題集』『赤シート対応 1回で合格！ 第二種免許完全攻略問題集』（いずれも弊社刊）など、著書は200冊を超える。

●本文イラスト　風間 康志
HOPBOX
●編集協力　knowm（間瀬 直道）
●DTP　HOPBOX
●企画・編集　成美堂出版編集部（原田 洋介・芳賀 篤史）

本書に関する正誤等の最新情報は、下記のアドレスで確認することができます。
http://www.seibidoshuppan.co.jp/info/menkyo-ptg2205

上記URLに記載されていない箇所で正誤についてお気づきの場合は、書名・発行日・質問事項・ページ数・氏名・郵便番号・住所・FAX番号を明記の上、**郵送**またはFAXで**成美堂出版**までお問い合わせください。
※**電話でのお問い合わせはお受けできません。**
※本書の正誤に関するご質問以外にはお答えできません。また受験指導などは行っておりません。
※ご質問の到着確認後、10日前後で回答を普通郵便またはFAXで発送いたします。

赤シート対応 絶対合格! 原付免許出題パターン攻略問題集

2022年6月10日発行

著　者　長　信一（ちょう しん いち）

発行者　深見公子

発行所　成美堂出版
〒162-8445　東京都新宿区新小川町1-7
電話(03)5206-8151　FAX(03)5206-8159

印　刷　広研印刷株式会社

ISBN978-4-415-33131-7
落丁·乱丁などの不良本はお取り替えします
定価はカバーに表示してあります

道路標識・標示　一覧表

規制標識

通行止め

車、路面電車、歩行者のすべてが通行できない

車両通行止め

車（自動車、原動機付自転車、軽車両）は通行できない

車両進入禁止

車はこの標識がある方向から進入できない

二輪の自動車以外の自動車通行止め

二輪を除く自動車は通行できない

大型貨物自動車等通行止め

大型貨物、特定中型貨物、大型特殊自動車は通行できない

大型乗用自動車等通行止め

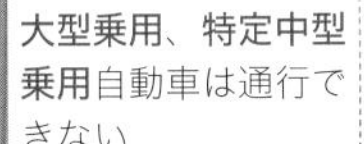

大型乗用、特定中型乗用自動車は通行できない

二輪の自動車・原動機付自転車通行止め

大型・普通自動二輪車、原動機付自転車は通行できない

大型自動二輪車及び普通自動二輪車二人乗り通行禁止

大型・普通自動二輪車は二人乗りで通行できない

自転車通行止め

自転車は通行できない

車両（組合せ）通行止め

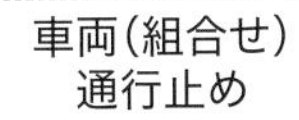

標示板に示された車（自動車、原動機付自転車）は通行できない

タイヤチェーンを取り付けていない車両通行止め

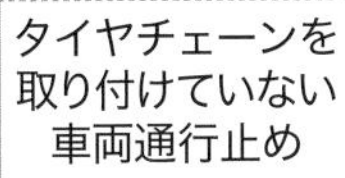

タイヤチェーンをつけていない車は通行できない

指定方向外進行禁止

車は矢印の方向以外には進めない

右折禁止

直進・右折禁止

左折・右折禁止

車両横断禁止

車は右折を伴う右側への横断をしてはいけない

転回禁止

車は転回してはいけない

追越しのための右側部分はみ出し通行禁止

車は道路の右側部分にはみ出して追い越しをしてはいけない

追越し禁止

車は追い越しをしてはいけない

駐停車禁止

車は駐車や停車をしてはいけない（8時～20時）

規制標識

駐車禁止

車は**駐車**をしてはいけない
（８時〜20時）

駐車余地

車の右側の道路上に**指定の余地**（６m）がとれないときは駐車できない

時間制限駐車区間

標示板に示された時間（８時〜20時の60分）は**駐車**できる

危険物積載車両通行止め

爆発物などの**危険物**を積載した車は通行できない

重量制限

標示板に示された**総重量**（5.5ｔ）を超える車は通行できない

高さ制限

地上から標示板に示された**高さ**（3.3m）を超える車は通行できない

最大幅

標示板に示された**横幅**（2.2m）を超える車は通行できない

最高速度

標示板に示された**速度**（時速50km）を超えてはいけない

最低速度

自動車は標示板に示された**速度**（時速30km）**に達しない速度**で運転してはいけない

自動車専用

高速道路（**高速自動車国道**または**自動車専用道路**）であることを表す

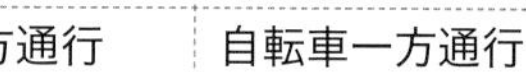

自転車専用

自転車専用道路を示し、**普通自転車**以外の車と**歩行者**は通行できない

自転車及び歩行者専用

自転車および歩行者専用道路を示し、**普通自転車**以外の車は通行できない

歩行者専用

歩行者専用道路を示し、**車**は通行できない

一方通行

車は矢印の示す方向と**反対方向**には進めない

自転車一方通行

自転車は矢印の示す方向と**反対方向**には進めない

車両通行区分

軽車両　二輪

標示板に示された車（**二輪・軽車両**）が通行しなければならない**区分**を表す

特定の種類の車両の通行区分

標示板に示された車（**大貨等**）が通行しなければならない区分を表す

牽引自動車の高速自動車国道通行区分

高速自動車国道の本線車道で**けん引自動車**が通行しなければならない区分を表す

専用通行帯

標示板に示された車（**路線バス等**）の**専用通行帯**であることを表す

普通自転車専用通行帯

普通自転車の**専用通行帯**であることを表す

規制標識

路線バス等優先通行帯

路線バス等の**優先通行帯**であることを表す

牽引自動車の自動車専用道路第一通行帯通行指定区間

自動車専用道路でけん引自動車が**最も左側の通行帯**を通行しなければならない指定区間を表す

進行方向別通行区分

交差点で車が進行する**方向別の区分**を表す

環状の交差点における右回り通行

環状交差点であり、車は**右回り**に通行しなければならない

原動機付自転車の右折方法（二段階）

交差点を右折する原動機付自転車は**二段階右折**しなければならない

原動機付自転車の右折方法（小回り）

交差点を右折する原動機付自転車は**小回り右折**しなければならない

平行駐車

車は道路の側端に対して、**平行に駐車**しなければならない

直角駐車

車は道路の側端に対して、**直角に駐車**しなければならない

斜め駐車

車は道路の側端に対して、**斜めに駐車**しなければならない

警笛鳴らせ

車と路面電車は**警音器**を鳴らさなければならない

警笛区間

車と路面電車は**区間内の指定場所**で警音器を鳴らさなければならない

徐行

車と路面電車は**すぐ止まれる速度**で進まなければならない

一時停止

車と路面電車は停止位置で**一時停止**しなければならない

歩行者通行止め

歩行者は**通行**してはいけない

歩行者横断禁止

歩行者は道路を**横断**してはいけない

指示標識

並進可

普通自転車は**2台並ん**で進める

軌道敷内通行可

自動車は**軌道敷内**を通行できる

高齢運転者等標章自動車駐車可

標章車に限り**駐車**が認められた場所（**高齢運転者等専用場所**）であることを表す

駐車可

車は**駐車**できる

高齢運転者等標章自動車停車可

標章車に限り**停車**が認められた場所（**高齢運転者等専用場所**）であることを表す

指示標識

停車可

車は停車できる

優先道路

優先道路であることを表す

中央線

道路の中央、または中央線を表す

停止線

車が停止するときの位置を表す

自転車横断帯

自転車が横断する自転車横断帯を表す

横断歩道

横断歩道を表す。右側は児童などの横断が多い横断歩道であることを意味する

横断歩道・自転車横断帯

横断歩道と自転車横断帯が併設された場所であることを表す

安全地帯

安全地帯であることを表し、車は通行できない

規制予告

標示板に示されている交通規制が前方で行われていることを表す

補助標識

距離・区域

この先100m

ここから50m

市内全域

本標識の交通規制の対象となる距離や区域を表す

日・時間

日曜・休日を除く

8 - 20

本標識の交通規制の対象となる日や時間を表す

車両の種類

大　貨

原付を除く

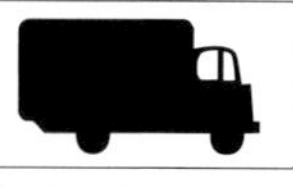

本標識の交通規制の対象となる車を表す

始まり

ここから

本標識の交通規制の区間の始まりを表す

区間内・区域内

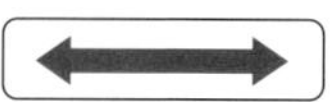

区 域 内

本標識の交通規制の区間内、または区域内を表す

終わり

本標識の交通規制の区間の終わりを表す

マーク・標示板

初心運転者標識

免許を受けて１年未満の人が自動車を運転するときに付けるマーク

高齢運転者標識

70歳以上の人が自動車を運転するときに付けるマーク

身体障害者標識

身体に障害がある人が自動車を運転するときに付けるマーク

聴覚障害者標識

聴覚に障害がある人が自動車を運転するときに付けるマーク

仮免許練習標識

仮免許
練習中

運転の練習をする人が自動車を運転するときに付けるマーク

左折可（標示板）

前方の信号にかかわらず、車はまわりの交通に注意して左折できる

案内標識

入口の方向

高速道路の入口の方向を表す

入口の予告

名神高速
MEISHIN EXPWY
入 口
150m

高速道路の入口の予告を表す

方面及び距離

日本橋 Nihonbashi 10km
日比谷 Hibiya 7km
4 横浜 Yokohama 11km
5 厚木 Atsugi 26km
静岡 Shizuoka 153km

方面と距離を表す

方面及び車線

大 阪
Osaka
本 線
THRU TRAFFIC

方面と車線を表す

方面及び方向の予告

方面と方向の予告を表す

方面、方向及び道路の通称名

方面と方向、道路の通称名を表す

方面、車線及び出口の予告

京都 宇治
Kyoto Uji
5B 出口 EXIT 1km
江戸橋
Edobashi
303 出口 EXIT 400m

方面と車線、出口の予告を表す

方面及び出口

16
横浜 町田
Yokohama Machida
4 出口 EXIT
西神田
Nishikanda
出口 EXIT
501

高速道路の方面と出口を表す

出口

高速道路の出口を表す

高速道路番号

E1
E56
C4

高速道路番号を表す

サービス・エリア又は駐車場から本線への入口

本線
EXPWY

サービス・エリアや駐車場から本線への入口を表す

待避所

待避所

待避所であることを表す

非常駐車帯

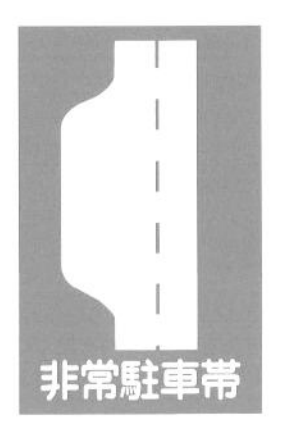

非常駐車帯であることを表す

駐車場

駐車場であることを表す

登坂車線

登坂車線であることを表す

警戒標識

十形道路交差点あり

この先に十形道路の交差点があることを表す

T形道路交差点あり

この先にT形道路の交差点があることを表す

Y形道路交差点あり

この先にY形道路の交差点があることを表す

ロータリーあり

この先にロータリーがあることを表す

右(左)方屈曲あり

この先の道路が右(左)方に屈曲していることを表す

右(左)方屈折あり

この先の道路が右(左)方に屈折していることを表す

右(左)背向屈曲あり

この先の道路が右(左)背向屈曲していることを表す

右(左)背向屈折あり

この先の道路が右(左)背向屈折していることを表す

右(左)つづら折りあり

この先の道路が右(左)つづら折りしていることを表す

踏切あり

この先に踏切があることを表す

警戒標識

学校、幼稚園、保育所等あり

この先に**学校、幼稚園、保育所**などがあることを表す

信号機あり

この先に**信号機**があることを表す

すべりやすい

この先の道路が**すべりやすい**ことを表す

落石のおそれあり

この先が**落石のおそれ**があることを表す

路面凹凸あり

この先の路面に**凹凸**があることを表す

合流交通あり

この先で**合流する交通**があることを表す

車線数減少

この先で**車線が減少する**ことを表す

幅員減少

この先の**道幅がせまくなる**ことを表す

二方向交通

この先が**二方向交通**の道路であることを表す

上り急勾配あり

この先が**こう配の急な上り坂**であることを表す

下り急勾配あり

この先が**こう配の急な下り坂**であることを表す

道路工事中

この先の道路が**工事中**であることを表す

横風注意

この先は**横風が強い**ことを表す

動物が飛び出すおそれあり

この先は**動物が飛び出してくる**おそれがあることを表す

その他の危険

前方に**何か危険があ**ることを表す

規制標示

転回禁止

8-20

車は**転回**してはいけない
(8時～20時)

追越しのための右側部分はみ出し通行禁止

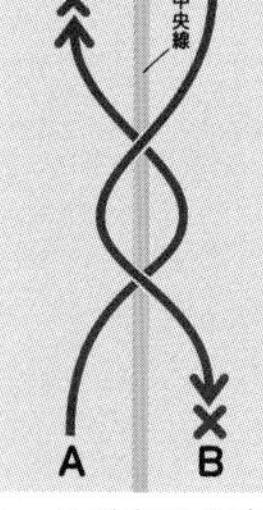

A・Bどちらの車も黄色の線を越えて**追い越し**をしてはいけない

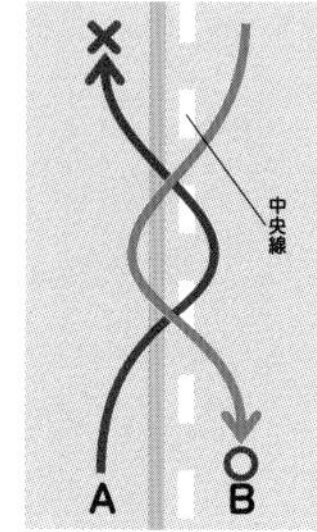

Aを通行する車はBにはみ出して追い越しをしてはいけない(BからAへは禁止されていない)

進路変更禁止

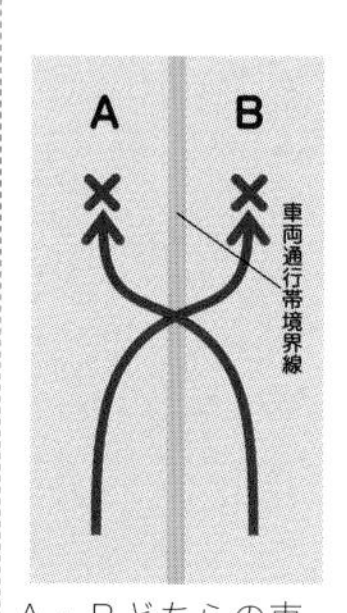

A・Bどちらの車も黄色の線を越えて**進路変更**してはいけない

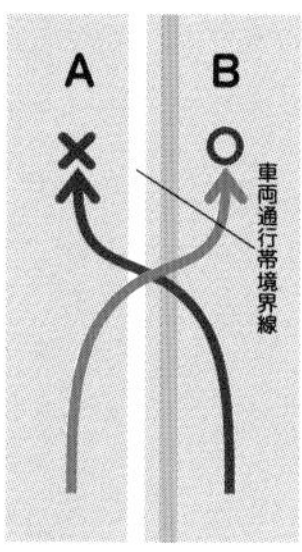

Bを通行する車はAに進路変更してはいけない(AからBへは禁止されていない)

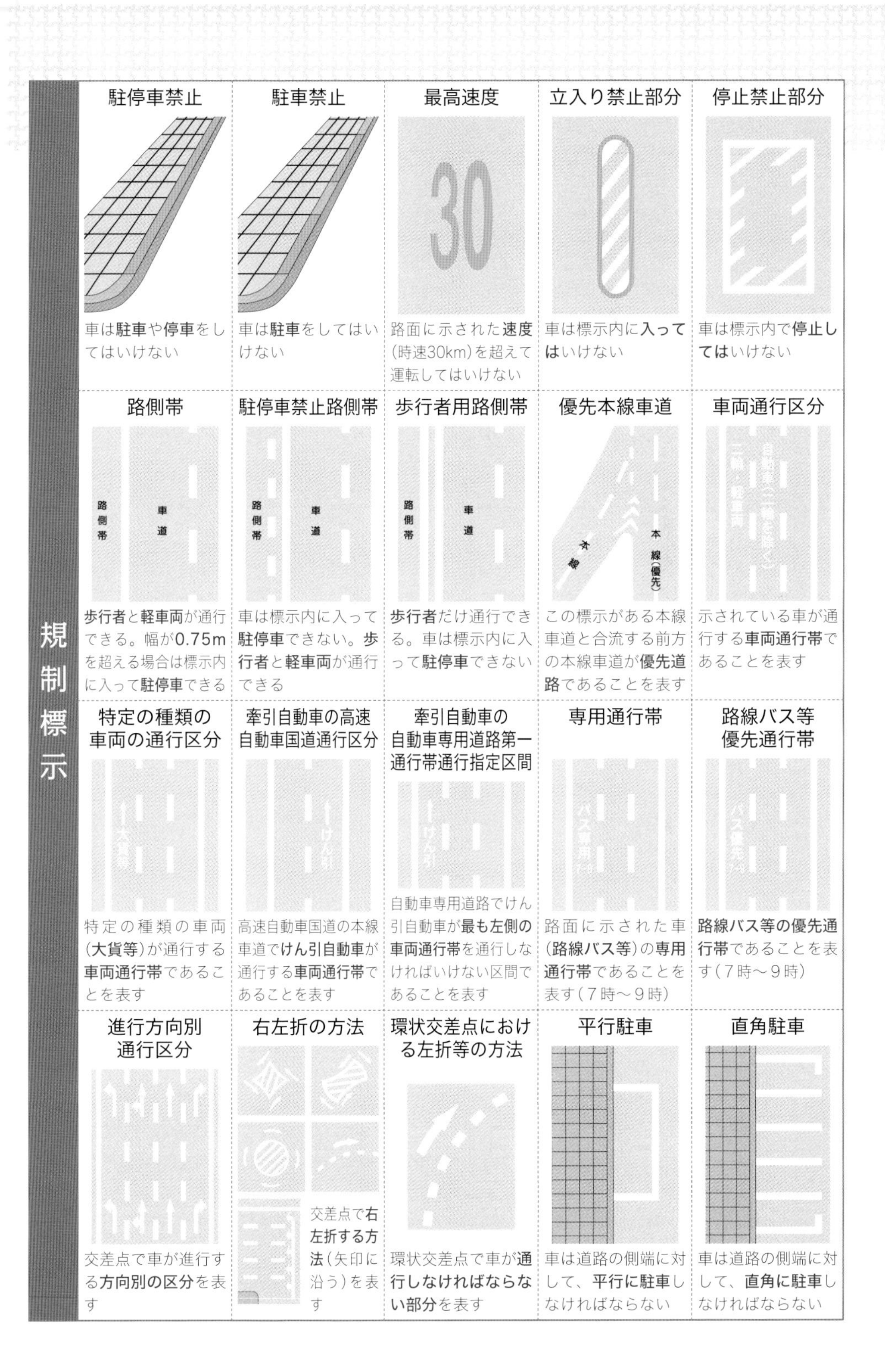

規制標示
駐停車禁止
車は駐車や停車をしてはいけない
駐車禁止
車は駐車をしてはいけない
最高速度
30
路面に示された速度（時速30km）を超えて運転してはいけない
立入り禁止部分
車は標示内に入ってはいけない
停止禁止部分
車は標示内で停止してはいけない
路側帯
路側帯
車道
歩行者と軽車両が通行できる。幅が0.75mを超える場合は標示内に入って駐停車できる
駐停車禁止路側帯
路側帯
車道
車は標示内に入って駐停車できない。歩行者と軽車両が通行できる
歩行者用路側帯
路側帯
車道
歩行者だけ通行できる。車は標示内に入って駐停車できない
優先本線車道
本線
本線(優先)
この標示がある本線車道と合流する前方の本線車道が優先道路であることを表す
車両通行区分
二輪・軽車両
自動車(二輪を除く)
示されている車が通行する車両通行帯であることを表す
特定の種類の車両の通行区分
大貨等
特定の種類の車両（大貨等）が通行する車両通行帯であることを表す
牽引自動車の高速自動車国道通行区分
けん引
高速自動車国道の本線車道でけん引自動車が通行する車両通行帯であることを表す
牽引自動車の自動車専用道路第一通行帯通行指定区間
けん引
自動車専用道路でけん引自動車が最も左側の車両通行帯を通行しなければいけない区間であることを表す
専用通行帯
バス専用
7-9
路面に示された車（路線バス等）の専用通行帯であることを表す（7時～9時）
路線バス等優先通行帯
バス優先
7-9
路線バス等の優先通行帯であることを表す（7時～9時）
進行方向別通行区分
交差点で車が進行する方向別の区分を表す
右左折の方法
交差点で右左折する方法（矢印に沿う）を表す
環状交差点における左折等の方法
環状交差点で車が通行しなければならない部分を表す
平行駐車
車は道路の側端に対して、平行に駐車しなければならない
直角駐車
車は道路の側端に対して、直角に駐車しなければならない

規制標示

斜め駐車

車は道路の側端に対して、**斜めに駐車**しなければならない

普通自転車歩道通行可

普通自転車は**歩道**を通行できる

普通自転車の歩道通行部分

普通自転車が歩道を通行する場合の通行すべき**場所**を表す

普通自転車の交差点進入禁止

普通自転車は**黄色の線を越えて**交差点に進入してはいけない

終わり

規制標示が示す（転回禁止）区間の**終わり**を表す

指示標示

横断歩道

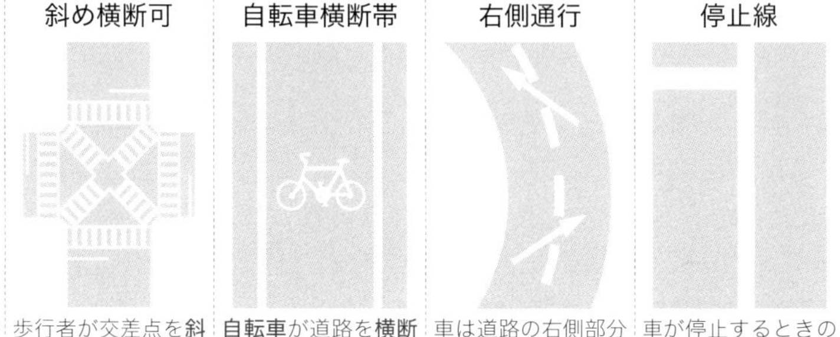

歩行者が道路を**横断**するための場所であることを表す

斜め横断可

歩行者が交差点を**斜めに横断**できることを表す

自転車横断帯

自転車が道路を**横断**するための場所であることを表す

右側通行

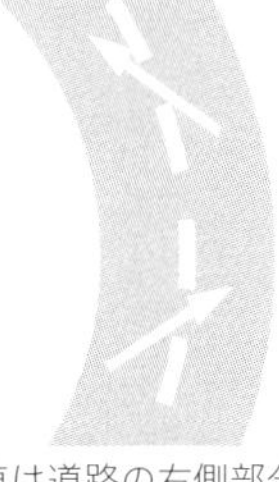

車は道路の右側部分に**はみ出して通行**できることを表す

停止線

車が停止するときの**位置**を表す

二段停止線

二輪車と四輪車が停止するときの**位置**を表す

進行方向

車が進行する**方向**を表す

中央線

中央線であることを表す

車線境界線

車線の境界であることを表す

安全地帯

安全地帯であることを表し、車は**通行**できない

安全地帯又は路上障害物に接近

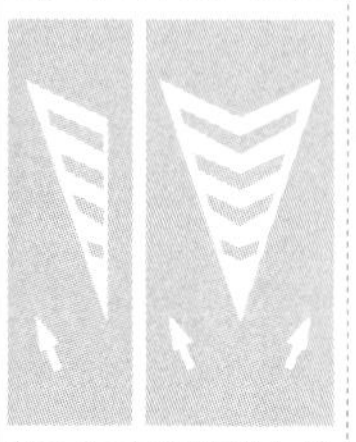

前方に**安全地帯**か**路上障害物**があり、避ける方向を表す

導流帯

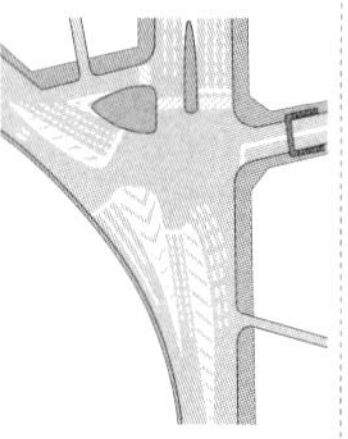

車が**通行しない**ようにしている道路の部分を表す

路面電車停留場

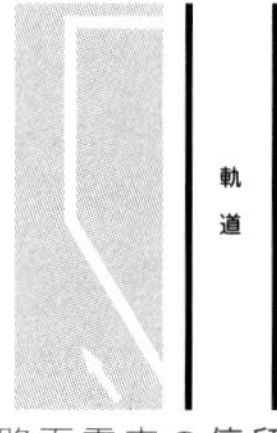

路面電車の**停留所（場）**であることを表す

横断歩道又は自転車横断帯あり

前方に**横断歩道**または**自転車横断帯**があることを表す

前方優先道路

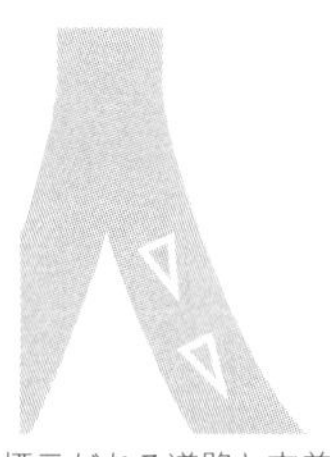

標示がある道路と交差する**前方の道路が優先道路**であることを表す

※道路標識・標示は道路交通法等の改正により、変更されることがありますので予めご了承ください。